中等职业教育“十三五”规划教材

分 析 化 学

主　编　罗爱民　雷肖艳
副主编　李　玲　胡延芳　李　飞
王光海　范建勇　魏国华

本书数字资源请扫码

北　京
冶 金 工 业 出 版 社
2023

内 容 提 要

本书由化学定量分析和仪器分析两部分组成，内容包括误差与数据处理、滴定分析概论、酸碱滴定法、氧化还原滴定法、配位滴定法、沉淀滴定法、称量分析法和吸光光度法。每单元均配有单元导读、知识目标、能力目标等板块，同时每单元附有小结和习题，内容简明扼要，重点难点突出。

本书可供中等职业学校化学、化工、材料、食品等相关专业使用。

图书在版编目(CIP)数据

分析化学/罗爱民，雷肖艳主编．—北京：冶金工业出版社，2019. 10 (2023. 10 重印)

中等职业教育“十三五”规划教材

ISBN 978-7-5024-8300-5

Ⅰ. ①分…　Ⅱ. ①罗…　②雷…　Ⅲ. ①分析化学—中等专业学校—教材　Ⅳ. ①O65

中国版本图书馆 CIP 数据核字(2019)第 233994 号

分析化学

出版发行	冶金工业出版社	**电　　话**	(010)64027926
地　　址	北京市东城区嵩祝院北巷 39 号	**邮　　编**	100009
网　　址	www. mip1953. com	**电子信箱**	service@ mip1953. com

责任编辑　曾　媛　美术编辑　郑小利　版式设计　孙跃红　禹　蕊

责任校对　李　娜　责任印制　窦　唯

三河市双峰印刷装订有限公司印刷

2019 年 10 月第 1 版，2023 年 10 月第 3 次印刷

787mm×1092mm　1/16；10. 5 印张；253 千字；160 页

定价 39. 00 元

投稿电话　(010)64027932　投稿信箱　tougao@cnmip. com. cn

营销中心电话　(010)64044283

冶金工业出版社天猫旗舰店　yjgycbs. tmall. com

(本书如有印装质量问题，本社营销中心负责退换)

前　　言

分析化学是石油化工类、药学类等专业的一门重要基础课程，是一门研究物质组成、含量和构成的分析方法及有关理论的科学，是化学学科的一个重要的分支。学习并掌握分析化学基本理论和技能，可为其他课程的学习打下坚实的基础。

本教材在编写过程中，认真履行“内容简明扼要、重点难点清晰、理论联系实际”的基本原则，充分考虑石油、化工等行业发展的需要，将主要内容分为化学定量分析和仪器分析两部分。

本教材共九个单元，包括分析化学基础知识、化学分析法、仪器分析法等内容。为了方便学生掌握重点、难点，每单元都配有单元导读、知识目标、能力目标板块。为了督促学生复习巩固，每单元附有单元小结和习题。

本教材主编为罗爱民、雷肖艳，具体编写分工为：第一和四单元由雷肖艳编写，第二和九单元由李玲编写，第三和八单元由胡延芳编写，第五和七单元由罗爱民编写，第六单元由李飞编写，附录由李飞整理，王光海、范建勇、魏国华负责企业实际运用案例的收集整理。在编写过程中，得到了主编单位阳信县职业中专各位领导、专家、教师的支持与鼓励，在此表示诚挚的谢意。

由于编者水平所限，时间仓促，在教材编写过程中难免出现错误与不妥之处，敬请各位专家和读者批评指正。

编　者

2019 年 4 月

目　录

第一单元　绪论 …… 1

第一节　分析化学的任务和作用 …… 1
第二节　分析方法的分类和步骤 …… 4
第三节　学习的内容和基本要求 …… 6
单元小结 …… 8
单元习题 …… 8

第二单元　误差与数据处理 …… 9

第一节　定量分析中的误差 …… 9
第二节　有效数字及其运算规则 …… 16
单元小结 …… 19
单元习题 …… 19

第三单元　滴定分析概论 …… 22

第一节　概述 …… 22
第二节　滴定分析的计算 …… 24
第三节　化学试剂及溶液制备 …… 31
第四节　滴定分析的一般仪器 …… 35
单元小结 …… 45
单元习题 …… 46

第四单元　酸碱滴定法 …… 47

第一节　概述 …… 47
第二节　缓冲溶液 …… 49
第三节　酸碱指示剂 …… 52
第四节　酸碱滴定基本原理 …… 56
第五节　酸碱标准溶液的配制与标定 …… 63
第六节　应用实例 …… 64
单元小结 …… 66
单元习题 …… 68

第五单元　氧化还原滴定法 …… 71

第一节　概述 …… 71

第二节 氧化还原平衡 …… 72
第三节 常用氧化还原滴定法及其应用 …… 77
单元小结 …… 86
单元习题 …… 87

第六单元 配位滴定法 …… 91

第一节 概述 …… 91
第二节 EDTA 及其配合物 …… 92
第三节 EDTA 与金属离子的配位平衡 …… 94
第四节 影响配位平衡的主要因素 …… 95
第五节 配位滴定原理 …… 97
第六节 金属离子指示剂 …… 98
第七节 提高配位滴定选择性的方法 …… 101
第八节 配位滴定法的应用 …… 107
单元小结 …… 111
单元习题 …… 113

第七单元 沉淀滴定法 …… 115

第一节 沉淀滴定法基本原理 …… 115
第二节 银量法 …… 116
第三节 银量法的应用 …… 120
单元小结 …… 121
单元习题 …… 122

第八单元 称量分析法 …… 124

第一节 概述 …… 124
第二节 沉淀的纯净 …… 129
第三节 沉淀的类型和条件 …… 131
第四节 沉淀的处理 …… 133
第五节 应用实例 …… 135
单元小结 …… 136
单元习题 …… 138

第九单元 吸光光度法 …… 142

第一节 吸光光度法的基础知识 …… 142
第二节 光的吸收定律 …… 144
第三节 显色反应及影响因素 …… 146
第四节 吸光光度分析法及仪器 …… 147
第五节 吸光光度分析方法的误差来源及测量条件的选择 …… 149

单元小结 …… 150
单元习题 …… 151

附录 …… 152

附表 1　弱酸弱碱在水中的离解常数（25℃、$I=0$） …… 152
附表 2　标准电极电位表 …… 155
附表 3　条件电极电位 …… 157

参考文献 …… 160

第一单元　绪　　论

【单元导读】

分析化学是一门研究物质组成、含量和构成的分析方法及有关理论的科学，是化学学科的一个重要的分支。分析化学是人们用来认识、分析自然的重要手段之一，是化学中的信息科学。

【知识目标】

理解：（1）分析化学的任务、作用；

（2）分析化学的分类、步骤。

【能力目标】

能明确分析化学的学习内容和基本要求。

第一节　分析化学的任务和作用

一、分析化学的任务

分析化学包括定性分析和定量分析两部分。定性分析是确定物质由哪些组分（元素、离子、官能团或化合物）组成；定量分析是测量物质中有关组分的相对含量。在进行分析工作时，首先要确定被测物质的定性组成，根据试样的组成再选择适当的定量分析方法测定各组分的含量。当分析试样的来源、主要成分以及主要杂质都已知时，则可不进行定性分析，而直接进行定量分析。

二、分析化学的作用

分析化学作为一门基础学科，核心知识已广泛应用于自然科学的方方面面，并且与其他学科相辅相成，构成了创造自然、改造自然的强大力量。分析检验是人类获得各种物质的化学组成和构成信息的必要手段，它渗透到化学的各个学科，并对环境科学、生命科学、材料科学、医疗卫生、能源等的发展具有十分重要的作用。分析化学具有极高的使用价值，毫不夸张地说，几乎任何科学研究，只要涉及化学现象，分析检验就要被运用到研究工作中去。

分析化学在国民经济的生产中发挥着重要的作用，所有工业生产中的资源的勘探、原材料的选择、工艺流程的控制、成品的检验、新技术工艺及方法的探索和推广以及新产品的开发研究都需要用到分析检验。

例如，对于从月球上取回的岩石样品，要了解月球和地球的岩石组成有何异同，从而推断月球和地球的形成过程有无关联，首先需进行样品分析，了解月球岩石都含有哪些元素，以及各种元素的组成、含量，然后才能进行其他方面的研究。

分析过程包括以下逻辑程序：（1）确定题目；（2）取得和溶解试样；（3）进行必要的分离；（4）进行适当的测定；（5）报告结果。

在确定题目时，分析工作者会提出以下这些问题：需要获得什么数据，需采用何种灵敏度的方法，分析方法应具备的准确和精密程度如何，可能出现什么样的干扰以及需要进行什么样的分离，要多长时间得到结果，必须处理多少试样，什么仪器适用，费用如何，等等。

例如胰岛素是治疗糖尿病的常用药品，在人工合成胰岛素的研究中，首先就需要了解胰岛素是由哪些元素组成的，这些元素在胰岛素中的含量分别是多少，这些元素都形成什么官能团，这些官能团在胰岛素分子中是怎样结合排布的。只有了解了这些情况之后才能进行人工合成。1922 年，奔丁·麦克劳特发现了胰岛素，并因此获得了 1923 年诺贝尔奖；1926 年阿贝尔从天然物质中分离出结晶状态的胰岛素；1955 年确定了胰岛素结构，是由 16 种肽、51 种氨基酸组成；1964 年我国上海有机化学研究所首次人工合成了胰岛素。

公元前三世纪，古代奥林匹克运动会上，运动员曾试图通过食用蘑菇中提取的致幻觉物质来提高运动成绩。1960 年罗马奥运会，丹麦自行车运动员 Jenson 在 100km 自行车赛途中猝死，震惊了世人。在对 Jenson 的尸体解剖时发现，他的血液组成中含有大量的苯丙胺（安非他命）。20 世纪 60 年代由于滥用药物直接或间接致死的运动员多达 30 人。反兴奋剂的斗争从此揭开了序幕。1967 年国际奥委会医学委员会成立。在高科技和生物技术进步的带动下，兴奋剂品种不断增多，国际奥委会的禁用药物目录达 100 余种。1988 年汉城奥运会上，约翰逊以 9.79s 打破了尘封很久的百米纪录，然而掌声还没有停歇，鲜花还没有枯萎，约翰逊在比赛时服用了类固醇的消息就打了世人一个响亮的耳光。

上述一系列问题的解决都离不开分析化学。

在科学实验领域里，凡是研究某一物质变化规律的问题，都需要借助分析化学的手段，了解该物质在特定的条件下发生的质和量的变化，从而总结出有规律性的新发现。

在环境保护方面，对污染的检测，了解污染物在不同环境中的转化规律，探讨环境容量、研究生态平衡、提高环境质量，以及评价和治理工农业生产的污染等都要用到分析化学。

在国防、公安方面，武器装备的研制生产，犯罪活动的侦查破案；医药卫生方面的药品检验，新药研究，毒品、兴奋剂等的检测，都直接应用了分析化学的理论和技术。

在农业生产中，庄稼从土壤里吸取各种养分元素都以什么形式存在的；当各种自然条件改变时，以不同形式存在的营养元素又是如何循环变化的；怎样达到提高农业生产的目的，以及农业产品质量的检验，新产品培育等都是以分析检验结果作为重要依据的。

在工业生产方面，开发矿山、开采石油都要靠分析化学检验做出判断。原料的选择、流程的控制、成品的检验、新产品的试制，以及“三废”的综合利用，都必须以分析检验结果为重要依据，许多具有一定规模的工厂都配备了化学实验部门。人们常说分析化学是工农业生产的“眼睛”“前哨”，科学研究的“参谋”，在国家建设中起着重要作用。

三、分析化学的发展趋势

化学给人知识，化学史给人以智慧，让我们一起来了解分析化学的发展历史吧！

分析化学是一门古老的科学，它的起源可追溯到古代炼金术。当时人们靠感官与双手进行分析与判断。16 世纪出现了第一个使用天平的试金实验，使化学分析开始具有科学的内涵。从历史的发展角度，可以说，最早期的化学主要是分析化学性质，到 19 世纪末，分析化学由鉴定物质组成的化学定性手段与定量技术组成，在对元素的发现和对地质、矿产资源的勘探、利用等方面都起到重要的作用。同时，定量分析对工农业的发展，特别是对许多化学基本定律的确定，作出了巨大的贡献。

20 世纪后，由于现代科学技术的发展和相邻学科间的相互渗透，分析化学的发展经历了三次巨大的革命。

分析化学学科发展史上的第一个重要阶段，大约是 20 世纪初的二三十年，在这一历史发展阶段，人们借助当时物理化学取得的成就，如当时物理化学中的溶液平衡理论、动力学理论及各种实验方法等，研究分析化学中的一些最基本的理论问题，大大地丰富了分析化学的内容，分析化学从一种技术变成了一门学科。

分析化学学科发展史上的第二个重要阶段，是 20 世纪 40 年代以后的几十年。第二次世界大战以后，随着物理学与电子学的发展，分析化学进入以物理方法为原理、以分析仪器为工具的新时代，就是所谓“分析化学正走出化学”的著名论点。

20 世纪 70 年代开始的“第三次科学浪潮”，分析化学进入了重大变革的历史新时期。各学科对分析化学的要求已不再局限于回答“是什么”“有多少”等定性、定量分析的基本问题，而是要求分析化学走出“纯化学领域”，成为一门综合性、现代化的学科——分析学科。在这一历史发展阶段，原子能科技的发展以及半导体技术的兴起，要求分析化学能提供各种非常灵敏、准确而快速的分析方法。例如，半导体材料的纯度一般是非常高的，有的甚至可达到 9 个 9 以上，要测定这种超纯度物质中的痕量杂质，是非常困难的问题，在这种新形式的推动下，仪器分析改变了经典化学分析为主的局面。其最重要的特点是各种仪器分析方法和技术的广泛应用。在这个时期，分析化学对生产实际和科学技术做出的贡献是前所未有的。

目前分析化学正处在第三次变革时期，信息时代的来临，给整个科学技术的发展带来巨大的活力。分析化学已经远远超出化学学科的领域，正在把化学与数学、物理学、生物学、计算机科学、信息科学结合起来，发展成为一门综合性学科——分析学科。分析化学不只限于测定物质的组成和含量，还能对物质的状态、结构、微区、薄层和表面的组成与结构以及化学行为、生物活性等做出瞬时追踪。在科学技术飞速发展的 21 世纪，分析化学会更广泛吸取当代科学技术的最新成就，进一步丰富自身内容，在国民经济的各个领域发挥更大的作用。

近年来，分析化学发展迅速。全世界有关分析化学的专业杂志已有百余种；所发表的论文每 5~7 年就能增加 1 倍；分析化学的国际会议每年召开十余次。分析化学正处于日新月异、突飞猛进的阶段。这种情况的出现同现代科学技术总的发展是分不开的，一方面它给分析化学提出更高的要求，另一方面也向分析化学提供新的理论、方法和手段。

随着社会的发展，人类对分析化学的要求越来越高，分析手段必须越来越灵敏、准确、迅速、简便和自动化。

分析化学的任务也不再局限于测定物质的组成和含量，还要知道结构、价态、状态等。活动的领域也由宏观发展到微观，从总体进入微区、表面和薄层，由表观深入内部，从静态扩展到动态。

目前分析化学正在向着仪器化、自动化的方向发展，许多经典分析方法逐步同仪器的使用结合起来。分析化学的发展趋势是发展灵敏、专一、快速、准确的新方法和新技术。计算机技术在分析化学中的应用、分析仪器的智能化等，标志着分析化学已经发展成为一门化学信息科学。

第二节 分析方法的分类和步骤

一、分析方法的分类

分析化学的分类方法有很多，除按任务分为定性分析、定量分析外，还有多种分类方法。

（一）无机分析和有机分析

根据分析对象不同，分析化学可分为无机分析、有机分析。无机分析的分析对象是无机物，一般要求鉴定物质的组成和测定各组分的相对含量；有机分析的分析对象是有机物，虽然有机物的元素种类不多，但其结构复杂，所以有机分析更侧重的是官能团分析和结构分析。

（二）常量、半微量和微量分析

根据试样用量多少，分为常量、半微量和微量分析，其固体试样量及试液体积分列如下：

常量分析	0.1g 以上	10mL 以上
半微量分析	0.01~0.1g	1~10mL
微量分析	0.001~0.01g	0.01~1mL

（三）常量组分、微量组分和痕量组分分析

根据被测组分含量多少可分为：

常量组分分析	1%以上
微量组分分析	0.01%~1%
痕量组分分析	0.01%以下

（四）化学分析和仪器分析

根据测定原理和操作方法的不同，可分为化学分析和仪器分析。

化学分析是以物质的化学计量反应为基础的分析方法。定性分析中，大部分分离和鉴定反应都是根据组分在化学反应中生成气体、沉淀或有色物质进行的。而定量分析，则是根据物质化学反应计算关系来确定组分含量的，可用以下通式表示：

待测组分 + 试剂⟶反应产物

由于采取的具体测定方法的不同，化学分析法又分为滴定分析法和称量分析法。

（1）滴定分析法。滴定分析法是将一种已知准确浓度的试剂溶液，滴加到待测组分中，当所加试剂恰好与待测组分定量反应达化学计量点时，根据加入试剂的体积和浓度即可计算出待测组分的含量，也称为容量分析法。根据滴定反应的类型可分为酸碱滴定法、氧化还原滴定法、配位滴定法和沉淀滴定法。例如，用酸碱滴定法可测定酸性或碱性物质的含量，用氧化还原滴定法可测定还原性或氧化性物质的含量。

（2）称量分析法。即将试样中的待测组分转化为难溶化合物，分离后，根据该难溶化合物的质量计算出待测组分的含量。例如，测定试样中硫酸盐的含量时，向试样中加入稍过量的 $BaCl_2$ 溶液，使 SO_4^{2-} 转化成难溶的 $BaSO_4$ 沉淀，然后过滤、洗涤、灼烧，称量得到 $BaSO_4$ 的质量，便能求出试样中硫酸盐的含量。

滴定分析法和称量分析法都是分析化学的基础，是经典的化学分析法，一般用于试样中常量组成（1%以上）的测定。其中称量分析法准确度高，但操作烦琐费时，目前应用较少；滴定分析法操作简便、快捷，准确度亦较高，是目前广泛应用的一种定量分析技术。

仪器分析法是以待测物质的物理性质或物理化学性质为基础的分析方法，需要借助特殊的仪器进行测量。仪器分析法又包括光化学分析、电化学分析、色谱分析和质谱分析。近年来，还发展了一些新的仪器分析方法，如放射化学分析、核磁共振波谱分析、电子探针和离子探针微区分析等。

仪器分析法的优点是迅速、灵敏、操作简便，能够测定含量极低的组分。仪器分析法是以化学分析法为基础的，如试样的预处理、制备标样、方法准确度的校验，都需要化学分析法来完成。因此，仪器分析法和化学分析法是密切配合、相互补充的关系，只有掌握了化学分析法的基础知识和基本技能，才能掌握仪器分析法。

（五）例行分析和仲裁分析

根据分析任务的不同，分析方法可分为例行分析和仲裁分析。例行分析指一般化验室对日常生产中原材料或产品进行的分析，又称常规分析。为掌握生产情况，要求短时间内得到结果，所以一般允许分析误差较大些。

仲裁分析又叫裁判分析，即不同单位对同一物质的分析结果有争议时，由仲裁单位按指定方法进行裁决的分析，要求有较高的准确度。

二、分析化学的步骤

定量分析的目的是确定样品中有关组分的含量。完成一项分析任务一般要经过以下几个步骤。

（一）采样与制样

样品或试样是指在分析工作中被用来进行分析的物质体系，可以是固体、液体或气体。分析化学对试样的基本要求是：在组成和含量上具有一定的代表性，可以代表被分析的总体。合理取样是分析结果是否准确可靠的基础。取有代表性的样品需要采取特定的方法或顺序。一般要多点取样（指不同部位，深度），然后将各点取得的样品粉碎，然后混合均匀，再从中取少量物质（常用四分法）作为试样进行分析。

对于不同的分析对象，取样方式也不同。有关国家标准或行业标准对不同的分析对象的取样步骤和细节都有详细规定。

（二）试样的分解

定量分析一般采用的是湿法分析，将试样分解后转入溶液中，然后进行测定。分解试样的方法有很多，主要采用酸溶法、碱溶法和熔融法。可根据试样的性质和分析的要求选用适当的分解方法。分解试样时，应注意以下几点：

（1）待测组分应该没有任何损失。

（2）不能引入待测组分和干扰物质。

（3）分解试样最好与分离干扰物质相结合。

（4）试样必须完全溶解。

（三）测定

根据分析要求及样品性质选择合适的方法进行测定。

（四）计算并报告分析结果

根据测定的数据计算出组分的含量，并完成分析实验报告。

第三节 学习的内容和基本要求

一、学习内容

分析化学是在生产实践中产生、发展起来的，生产的发展、科学技术的进步，都给分析化学提出了更高的要求。

随着科学技术的发展，分析化学更加仪器化、自动化。尽管如此，经典的分析方法仍然是非常重要的。许多仪器分析都要采用化学方法对样品进行预处理；有些仪器分析会用化学方法进行校正；在研究一种新的仪器分析方法或改进原有的仪器分析方法时，还需要以化学分析的理论为基础。不了解分析化学基础理论和基本知识的分析工作者，不可能只依靠现代分析仪器就能解决日益复杂的分析问题。因此，分析化学作为一门基础课程，要从化学分析学起，并且化学分析也是本专业教学的基本内容，只有在学好化学分析的基础上才能进一步学好仪器分析。

分析化学是一门实践性很强的学科，学生通过学习，将所学的无机化学、有机化学等基础理论知识应用到分析方法中，并且能掌握物质的基本分析方法和操作技能，从而培养良好的职业素养、实事求是的学习态度和严肃认真的工作作风。因此，在学习过程中，要有明确的学习目标和正确的学习态度，系统地掌握分析化学的基础理论知识，为今后从事分析工作打好基础。

另外，实验在本课程中占有很大比重，因此基本操作必须正确、规范，才能获得可靠的分析结果。在实验过程中，应养成良好的习惯，注意培养严谨求实的科学态度和独立工作能力，提高分析问题和解决问题的能力，从而为学习后续课程和以后从事专业技术工作打下良好的基础。

二、基本要求

基本知识部分要求：

（1）掌握滴定分析和称量分析的方法及其基本原理；
（2）理解定量分析学中的基本概念；
（3）了解定量分析中的误差及数据处理方面的基础知识；
（4）牢固树立“量”的概念，掌握定量分析中的有关计算方法。
实验部分要求：
（1）能熟练使用和规范操作定量分析仪器；
（2）能熟练掌握滴定分析和称量分析操作技能；
（3）能按国家标准准确地测定无机化合物的含量。

三、教材特点

教材中每一单元都设有单元导读、教学目标、主要内容、单元小结、单元习题板块以帮助同学们学习并及时巩固所学知识。

以应用为目的，以讲清概念、强化应用为重点，本教材在内容安排上降低了难度，公式只要求能应用就行；编排顺序上理论与实践相结合，力求做到深入浅出，通俗易懂；为配合分析中级工的技能鉴定考试，书中单元习题以选择题、判断题为主。

四、学习方法

分析化学是中等职业学校化工专业的专业基础课之一，学好分析化学对于进一步学习各专业课十分重要。要想学好分析化学，必须要了解其课程特点及学习方法，才能完成学习目标，达到预期的学习效果，为此提出如下建议：

（1）明确学习内容。学习第一单元“绪论”，了解“分析化学研究什么”“主要内容有哪些”“为什么学分析化学”“怎样学好分析化学”等问题。让学生了解本课程在专业学习中的作用及地位，熟悉分析化学的主要内容，认识学习分析化学的重要性，激发学生学习分析化学的兴趣和欲望。

（2）复习、应用相关基础知识，掌握教材的重点学习内容。化学分析是本教材的重点学习内容。学习这一部分时，需结合无机化学中所学的四大反应类型：酸碱反应、沉淀反应、配位反应及氧化还原反应的相关理论，深入讨论滴定分析法、称量分析法的基本原理、知识和计算。

（3）了解课程的特点及要求，抓住重点，突破难点。

1）滴定分析内容丰富，测定的物质繁多，但是理论和实验操作都有一定的规律性，学生要注意把握各单元之间内容的内在关系，在教师的启发下，找出知识的规律性，抓住重点、突破难点。

2）分析化学对反应的条件有严格的要求，反应物的浓度、溶液的酸碱度、反应时的温度等均应严格控制。严格控制实验条件，才能达到定量分析的要求。

3）分析化学的实践性很强，实验内容占很大比例，所以学生在学习过程中，一定要学会理论联系实际，才能更好地完成学习任务。

（4）学生要积极、主动的学习。学生要根据自己的实际学习情况采取可行的学习方法，培养独立学习的能力，为今后学习其他专业课打下坚实的基础。

单元小结

一、分析化学的性质和任务

分析化学是研究物质组成、含量的分析方法及有关理论的科学，其任务包括定性分析和定量分析。

二、分析方法分类

按对象分为：无机分析、有机分析。
按试样量分为：常量分析、半微量分析、微量分析。
按组分量分为：常量组分分析、微量组分分析、痕量组分分析。
按原理分为：化学分析、仪器分析。
按任务分为：例行分析、仲裁分析。

三、分析的步骤

采样与制样—试样分解—测定—计算并报告分析结果。

四、学习内容

以无机物为主要对象，以试样量及组分含量均为常量的化学定量分析方法为本课程学习内容。本课程是工业专业的基础课，是学好后续课和以后从事分析技术工作及管理工作必需的基础。

单元习题

1. 分析化学的主要任务是什么？在国民经济建设中有何作用？
2. 从学习和生活实践中举出一例说明分析化学所起的作用。
3. 分析方法分类的依据是什么，如何分类？
4. “分析化学”和“化学分析”在概念上有什么不同？
5. 进行化学分析有哪些步骤？
6. 分析工应具备什么样的素质，才能胜任本职工作？
7. 要学好分析化学，你有什么打算？

第二单元　误差与数据处理

【单元导读】

定量分析的目的是准确测定样品中被测组分的量和含量，这就要求分析结果必须具有一定的准确性。但在实际工作中，由于分析方法、测量仪器、使用的试剂和分析工作者的主观因素等多方面的影响，使分析结果的测定值与其真实值不完全一致，即使在相同条件下对同一样品，重复测定多次，也不能得到完全相同的结果，所以误差是客观存在的，并且也是难以避免的。因此，有必要对分析结果做出科学的评价，找出误差产生的原因，采取有效措施减少误差，以提高分析结果的准确性。

【知识目标】

掌握：（1）定量分析的误差、偏差计算；

（2）精密度与准确度的关系；

（3）有效数字及其运算规则。

理解：准确度与误差、精密度与偏差的关系；

【能力目标】

（1）学会计算定量分析的误差和偏差；

（2）初步学会对分析数据进行一般处理。

第一节　定量分析中的误差

定量分析中的误差是客观存在的。在定量分析中要求工作者快、准、稳地得出每个分析结果。不仅能够熟练操作，加快分析速度；还要在操作中消除系统误差，使分析结果接近样品的真实值；同时，在操作中减少随机误差，让分析结果稳定可信。

一、准确度与精密度

在定量分析过程中，误差是客观存在的。作为分析人员，不仅要能测定各组分的含量，还应对测定结果做出评价，判断它的可靠程度，查出产生误差的原因，并采取措施减少误差，使分析结果达到规定的准确度。

（一）准确度与误差

（1）准确度的定义。表示测定结果与真实值想接近的程度，以误差表示。

（2）误差的表达方式：

绝对误差：测定结果与真实值的差值。测定结果与真实值的差值越小，测定结果的准确度越高。

表达公式：　　绝对误差(E) = 测定值(X) - 真实值(T)　　(2-1)

实际上，绝对误差不能确切反映测定值的准确度。例如，分析天平的称量误差为±0.0001g，称量两份实际质量为1.5131g及0.1513g的试样，得1.5130g及0.1512g，两者的绝对误差均为0.0001g，但称量的准确度却不同。前者的绝对误差只占其真实值的0.007%，后者则为0.07%。这种绝对误差在真实值中所占比率称为相对误差（以百分数或千分数表示）。

$$相对误差(E_r) = \frac{绝对误差(E)}{真实值(T)} \times 100\% \qquad (2\text{-}2)$$

因此，被测的量较大时，相对误差就比较小，测定的准确度也就比较高。

所以，相对于绝对误差，相对误差能够更好地体现准确度。绝对误差和相对误差都有正负之分，正值表示测定结果偏高，负值表示测定结果偏低。

（二）精密度和偏差

任一物质各含量组分都是客观存在的真实数值，却是我们不知道的。一般在实际分析工作中，由有经验的分析工作人员对试样进行多次平行测定，以得出测定结果的平均值。

1. 精密度的定义

多次测定结果之间相互接近的程度。精密度以偏差表示，偏差越小，说明测定结果彼此之间越接近，精密度越高，也就是说测定结果的再现性越好。再现性是指不同人不同实验室，相同方法相同条件下结果的一致性；重复性是指相同的人、实验室、方法、条件下结果的一致性。

2. 偏差的表达方式

（1）绝对偏差和相对偏差。

1）绝对偏差。个别测定值与几次测定值结果的平均值之差称为绝对偏差，以 d 表示。

$$d_i = x_i - \bar{x} \qquad (2\text{-}3)$$

式中　x_i——个别测定值；

$\bar{x}$——几次测定结果的平均值。

2）相对偏差。绝对偏差在平均值中所占的百分率或千分率称为相对偏差。

$$R_{d_i} = \frac{d_i}{\bar{x}} \times 100\% \qquad (2\text{-}4)$$

绝对偏差和相对偏差都有正负之分，它们都表示个别测定值与平均值之间的精密度。

（2）平均偏差和相对平均偏差。对多次测定结果的精密度，常用平均偏差来表示。

1）平均偏差。指各次偏差绝对值的算数平均值，是绝对平均偏差的简称。

$$\bar{d} = \frac{\sum_{i=1}^{n} |x_i - \bar{x}|}{n} \qquad (2\text{-}5)$$

2）相对平均偏差。平均偏差在平均值中所占比率。

$$\bar{R}_d = \frac{d_i}{\bar{x}} \times 100\% \qquad (2\text{-}6)$$

平均偏差与相对平均偏差均无正负之分，取偏差的绝对值是为了避免正负偏差相互抵消。在一组平行测定结果中，小偏差总是占多数，大偏差为少数，因此算得的平均偏差会偏小，大偏差得不到应有的反映，表 2-1 的两组数据的平均偏差及相对平均偏差并不能很好地显示所得结果的误差。

表 2-1　平均偏差及相对平均偏差举例

第一组		第二组	
X_i	d_i	X_i	d_i
37.20	0.16	37.24	0.12
37.32	0.04	37.26	0.10
37.34	0.02	37.36	0.00
37.40	0.04	37.44	0.08
37.52	0.16	37.48	0.12
$\bar{x}=37.36$	$\bar{d}=0.08$	$\bar{x}=37.36$	$\bar{d}=0.08$
相对平均偏差=0.21%		相对平均偏差=0.21%	

在第一组数据中有两个较大的绝对偏差，但在平均偏差和相对平均偏差中并没有反映出来。由此可得出结论，平均偏差不能准确表示精密度。

（3）标准偏差和变异系数。在数理统计中，常用标准偏差来衡量精密度，以 S 表示。

$$S=\sqrt{\frac{\sum_{i=1}^{n}(x_i-\bar{x})^2}{n-1}}=\sqrt{\frac{(x_1-\bar{x})^2+(x_2-\bar{x})^2+\cdots+(x_n-\bar{x})^2}{n-1}} \tag{2-7}$$

计算 S 时，是将各次测定结果的偏差加以平方，可以避免各次测量偏差相加时正负抵消，这样大偏差能更显著地反映出来。因此标准偏差能更确切地说明测定数据的精密度。

在有些情况下，也使用变异系数 CV（即相对平均偏差 RSD）来说明测定数据的精密度。

$$CV=\frac{S}{\bar{x}}\times 1000‰ \tag{2-8}$$

上述两组数据的标准偏差和变异系数分别是 0.12、3.2‰及 0.11、2.9‰，明显可以看出第一组数据的精密度比第二组要差些。由此可见，标准偏差才能准确表示精密度。

在一般化学分析中，平均测定数据不多，常采用极差来估计误差的范围。以 R 表示极差：

$$R=\text{测定最大值}-\text{测定最小值} \tag{2-9}$$

$$\text{相对极差}=\frac{R}{\bar{x}}\times 100\% \tag{2-10}$$

【知识链接】

2020 年 11 月 24 日，嫦娥五号搭载长征五号运载火箭发射升空。12 月 1 日，在月球表面着陆。12 月 2 日，完成了月球钻取采样及封装，2 月 3 日，嫦娥五号上升器将携带样品进入预定环月轨道，开启回家之旅。12 月 17 日，嫦娥五号返回器携带月球样品，采用半弹道跳跃方式返回，在内蒙古四子王旗预定区域安全着陆。

嫦娥五号返回器携带月球样品成功着陆，采样过程中，嫦娥五号使用了表取和钻取两种方式，不仅互为备份，还能提高采样的成功率和可靠性，同时也能获得更为丰富的样品种类，为科学家提供了大量的可靠的原始资料。科学家对月球样本进行高精密度、准确度的数据分析，对研究月球表面和人类发展具有重大意义。

二、误差的分类及产生的原因

根据误差产生的原因和性质，可将误差分为系统误差和偶然误差。

（一）系统误差

系统误差又称可测误差或可定误差，它是由分析操作过程中的某些固定的原因造成的，在重复测定时，它会重复表现出来，对分析结果的影响比较固定。其误差的大小往往可以估计。系统误差不影响测定结果的精密度，但能影响测定结果的准确度。

化验分析中将系统误差归纳为以下几个方面：

（1）仪器误差。这种误差是由于使用仪器本身不够精密或未经校准造成的。如未经校正的容量瓶、移液管、砝码等。

（2）方法误差。这种误差是由于分析方法本身不够完善造成的。如化学计量点和终点不符合或发生副反应等原因。比如，在称量分析中，由于沉淀的溶解度及共沉淀；在滴定分析中，由于反应进行不完全、干扰离子的影响，化学计量点和滴定终点不相吻合，以及其他副反应的发生等，都会系统地影响分析测定，使分析结果偏高或偏低。

（3）试剂误差。这种误差是由于蒸馏水含杂质或试剂不纯等引起的。

（4）操作误差。这种误差是由于分析工作者掌握分析操作的条件不熟练，即指在正常操作情况下，由于个人掌握操作规程与控制操作条件稍有出入而引起的误差。或者说是个人观察器官不敏锐和固有的习惯所致。如滴定终点颜色的判断偏深或偏浅，对仪器刻度表现读数不准确，经常偏高或偏低等。

从以上产生误差的情况可以看出，有一种误差的绝对值在多次测定中保持不变，可称为恒差。例如滴定分析中借助指示剂确定终点，由于个人的掌握颜色偏深，平行测定时，每次多用0.05mL；另一种误差的绝对值在多次测定中是可定变的，但其相对误差保持不变。例如，滴定分析中使用的基准物质若含有水分，则称取量越大，所含水分也越多，按比例增长，也可称比例误差。

（二）偶然误差

偶然误差又称随机误差。它是由测量过程中不固定的因素造成的。如测量时的环境温度、湿度和气压的微小波动，都会使测量结果在一定范围内波动，其波动大小和方向不固定，是非单向性的，因此无法测量，也不可能校正，为不可测量误差。由于许多偶然因素的影响，一个人多次分析同一个样品时，得到的分析结果并不完全一致，而是有高有低。

（1）同样大小的正负偶然误差，几乎有相等的出现机会，呈对称性。

（2）小误差出现的机会多，大误差出现的机会少。

值得注意的是由于操作不正确、粗心大意造成的，如加错砝码、溶液溅失，决不允许当作偶然误差。

三、精密度和准确度的关系（表 2-2）

表 2-2　精密度和准确度

项目	含义	衡量标准	决定因素
精密度	表示测定结果的重复性	平均值	偶然误差
准确度	表示测定结果的正确性	真实值	系统误差和偶然误差

下面通过一个例子来看一下精密度与准确度的关系。

表 2-3 为甲、乙、丙、丁四人分析同一试样中某组分质量分数的结果，其中 37.40% 为真实值。

表 2-3　甲、乙、丙、丁四人分析数据

项目	一	二	三	四	平均值
甲/%	37.35	37.44	37.49	37.51	37.44
乙/%	37.01	37.09	37.12	37.15	37.09
丙/%	36.00	36.30	36.50	36.69	36.40
丁/%	36.70	37.10	37.50	37.91	37.55

由此，可评价四人的分析结果如下：

（1）甲测定结果。精密度高，准确度也很高。测定数据较集中并平均值接近真值。

（2）乙测定结果。精密度很高，但平均值与真值相差很大。准确度不高。

（3）丙测定结果。精密度、准确度都不高。

（4）丁测定结果。测定数据较分散。虽然平均值接近真值，但这是凑巧得来的。如果只取 2 次或 3 次平均，结果与真值相差较大。

由此可知：

（1）精密度是保证准确度的先决条件，即准确度高一定需要精密度高；精密度差，所测结果不可靠，就失去了衡量准确度的前提。

（2）精密度高不一定能保证准确度高，但可以找出精密度不准确的原因，而后加以校正，就可以使测定结果既精密又准确。

即精密度高，准确度不一定高。准确度高要求精密度也要高，精密度是保证准确度的先决条件。

四、公差

公差是生产部门对于测定结果所能允许误差的一种表示方法。如果测定结果超出允许的公差范围，称为“超差”，该项分析应该重做。公差范围一般是根据实际情况和生产需要对测定结果的准确度的要求确定。表 2-4 为一般工业分析允许误差范围。

五、提高分析结果准确度的方法

衡量一个结果的好坏都离不开准确度和精密度两个方面。准确度由系统误差决定；精

表 2-4 一般工业分析允许误差范围

组分含量/%	允许误差范围/%	组分含量/%	允许误差范围/%
80~90	0.4~0.3	1~5	5.0~1.6
40~80	0.6~0.4	0.1~1	20~5.0
20~40	1.0~0.6	0.01~0.1	50~20
10~20	1.2~1.0	0.001~0.01	100~50
5~10	1.6~1.2		

密度由偶然误差决定。在分析工作中应尽量消除或校正系统误差，减少偶然误差，以保证分析结果的准确度。

（一）选择合适的分析方法

根据组分含量及对准确度的要求，在可能的条件下选择最佳的分析方法。

各种分析方法的准确度和灵敏度是不同的。称量分析和滴定分析，灵敏度不高，但对于高组分含量的测定能获得比较准确的结果，相对误差是千分之几。若改用比色分析，则相对误差可达到百分之几。对于低含量组分的测定，称量分析和滴定分析的灵敏度达不到要求，而一般仪器分析的灵敏度较高，相对误差虽然较大，但可以满足要求。例如，被测的是微量组分，就不能用常量分析方法测定；同样常量组分也不能用微量分析方法测定，否则将造成极大的误差。如测定含量约为 0.50%的某组分时，若用比色分析法的相对误差为 2%，则分析结果的绝对误差为 $0.50\% \times 0.02 = 0.01\%$，这样大小的误差是允许的。

除根据组分含量高低确定分析方法外，同时还要考虑干扰情况，要尽量选择无干扰、不需要分离、操作简便的方法，操作手续越繁杂带来误差的机会就越多。

（二）减小测量误差

在称量分析中，测量误差主要表现在称量上。一般分析天平的称量误差为±0.0001g，称取一份试样需要称量两次，可能引起的最大误差为±0.0002g，为了使称量的最大误差不超过 0.1%，则试样的最低质量应该是：

$$试样质量 = 绝对误差 / 相对误差 = 0.0002g/0.001 = 0.2g$$

在滴定分析中，测量误差主要是在体积测量过程中产生的。一般常量滴定管读数常有±0.01mL 的误差，完成一次滴定要读数两次，这样可能引起的最大误差是±0.02mL。为了使测量时的相对误差小于 0.1%，则消耗滴定的误差 20mL 以上，一般保持在 30mL 左右。

应该指出，测量的准确度只要与方法的准确度相适应就可以了，过度要求是没有意义的。

（三）增加平行测定次数

增加平行测定次数可以抵消偶然误差。偶然误差是由偶然因素引起的，其数值大小看来没有规律性，但在相同情况下，如果进行多次重复测定，偶然误差的分布服从一般的统计规律，其特点是：

（1）大小相等的正负误差出现的机会（概率）相等；

（2）小误差出现的机会多，大误差出现的机会少，个别特别大的误差出现的机会极少。

误差的正态分布曲线如图 2-1 所示，也称高斯分布曲线。这条曲线的形状是对称的，

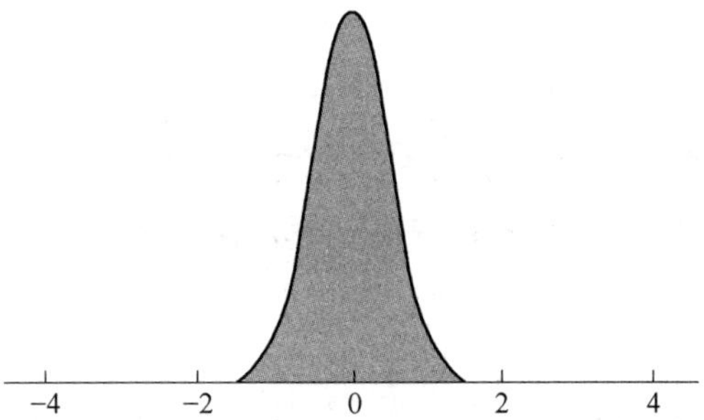

图 2-1　误差的正态分布曲线

中央呈高峰，两边越来越低。

从上述规律可以看出，随着测定次数的增加，偶然误差的算数平均值将逐渐减小。因此，在消除系统误差的前提下，如果操作细心，测定次数越多，分析结果的算数平均值就越接近真实值。实验结果表明，测定次数不多时，偶然误差随测定次数的增加迅速减少；但是，当测定次数高于 10 次时，误差减小已不显著。所以，在一般化学分析中，一般平行测定 2~4 次，基本上可以得到比较满意的结果，若准确度要求更高，可适当增加测定次数。

（四）消除测定过程中的系统误差

系统误差是由某些固定的原因造成的误差，可以根据具体情况选用不同方法来检验和校正。

1. 对照试验

对照试验是检验系统误差的有效方法。进行对照试验时，常用组分与待测试样相近、已知准确含量的试样（或配置的标准试样），按同样方法进行分析以资对照；也可以由不同的分析人员分析同一试样，互相对照。

如果对试样的组成不是很清楚，可以采用“加入回收法”进行试验。这种方法是在试样中加入已知量的待测组分，然后进行对照试验。根据加入的待测组分回收量，判断测定过程中是否存在系统误差。

【化学与生活】

假酒鉴定——对照试验法检测甲醇

不法商人为了牟取暴利，有时用工业酒精（含有一定量的甲醇）兑水冒充名酒出售，如果不慎饮用了约含 10g 甲醇的这种酒，就会使人失明；引入 15~25g 的甲醇，就会致人死亡。检测的原理就是利用甲醇经氧化后生成甲醛，后者与品红-亚硫酸溶液作用生成蓝紫色的有色化合物，然后与标准试样同样方法实验所得溶液的颜色相比较，进行判断。

2. 试样的空白试验

空白试验是在不加试样的情况下，按照试样的分析步骤和条件进行分析试验，所得的结果称为“空白值”，从试样的结果中扣除空白值。

由试剂和器皿引入杂质所造成的系统误差，一般可以做空白试验来扣除。空白值一般不大，若有异常，应选用纯度更高的试剂或改用其他适当的器皿来降低空白值。

【知识链接】

《中华人民共和国药典》（2010 年版，二部）规定，实验中的“空白实验”，是指在不加样品或以等量溶剂替代供试液的情况下，按同法操作所得的结果；含量测定中的“并将滴定的结果与空白实验校正”，系指按样品所耗滴定液的量（mL）与空白实验中所耗滴定液的量（mL）之差进行计算。

3. 校准仪器

由测量仪器不准确引起的系统误差，可以通过校准仪器来减少误差。在准确度较高的分析中，对测量的仪器，如滴定管、移液管、容量瓶和天平砝码等，必须进行校准，直接应用校正值。

在一系列操作过程中，应该使用同一套仪器，这样可以抵消仪器误差。例如，一份试样需称量两次，其中重复使用的砝码的误差可以互相抵消。

4. 校正方法

某些分析方法的系统误差可以通过改变试验方法进行校正。例如，在称量分析中，待测组分沉淀绝对完全是不可能的，其溶解部分可采用其他方法测量，予以校正。

其中，由于试验人员工作粗心、不遵守操作规程，例如，仪器不干净、看错砝码、读错刻度、试剂加错、溶液溅失、记录错误、计算错误等因为过失造成的错误结果，不能与其他结果放在一起计算平均值。

第二节 有效数字及其运算规则

在分析工作中，为了得到准确的测量结果，不仅要准确测定各种数据，还必须要正确记录和计算。分析结果的数值不但表示试样中被测组分含量的多少，同时也反映了测定结果的准确度，因此，数据记录和计算是十分重要的。

一、有效数字

（一）有效数字的定义

有效数字是分析测量中所能得到的有实际意义的数字，在其数值中只有最后一位是不确定的，前面所有的数字都是准确的。因此，不能人为地随意增加或减少有效数字的位数。

有效数字应保留的位数取决于所用的分析方法与分析仪器的准确度。例如，用万分之一的分析天平称量时，可保留小数点后四位，因为分析天平的读数精度为 0.1mg，即在小数点后第四位上有±0.1mg 的绝对误差，前面所有位数都是准确的。如 0.1235g，有效数字位数为 4 位；10.2502g，有效数字为 6 位。若是在台秤上称量，读数精度 0.01g，上面两个数据只能记为 0.12g 和 10.25g，有效数字分别为 2 位和 4 位。

读取有效数字位数时，数字“0”的作用是非常重要的。

“0”在具体数字之前，不是有效数字，只起定位作用，如 0.0254，有效数字为 3 位；

“0”在具体数字中间，是有效数字，如 0.2054，有效数字为 4 位；

“0”在具体数字之后，是有效数字，如 0.2540，有效数字为 4 位，又例如 2600，有效数字为 4 位，若为 2 位，则应写为 2.6×10^2。

对含有对数的，例如 pH、lg$K$ 等有效数字的位数仅取决于小数部分的位数，其整数部分只说明这个数的方次。例如，pH = 8.32，即 $[H^+] = 4.8\times10^{-8}$mol/L，有效数字为 2 位。8 指的是方次。

另外，在计算中常遇到分数、倍数的关系，应视为多位有效数字。例如，从 250mL 容量瓶中移取 25mL 溶液，即取容量瓶中总数的 1/10，不能将 25/250 视为 2 位或 3 位有效数字，应按计算中其他数据的有效数字位数对待。

（二）有效数字修约规则

处理分析数据时，应根据测量的准确度和运算规则合理保留有效数字位数，弃去不必要的多余数字。

所采用的规则是“四舍六入五留双”。此规则的具体方法如下：

（1）当尾数小于或等于 4 时，直接将尾数舍去。例如将下列数字全部修约为四位有效数字，结果为：

0.53664——0.5366

10.2731——10.27

18.5049——18.50

0.58344——0.5834

16.4005——16.40

27.1829——27.18

（2）当尾数大于或等于 6 时，将尾数舍去并向前一位进位。例如将下列数字全部修约为四位有效数字，结果为：

0.53666——0.5367

8.3176——8.318

16.7777——16.78

0.58387——0.5839

10.29501——10.30

21.0191——21.02

（3）当尾数为 5，而尾数后面的数字均为 0 时，应看尾数“5”的前一位：若前一位数字此时为奇数，就应向前进一位；若前一位数字此时为偶数，则应将尾数舍去。数字“0”在此时应被视为偶数。例如将下列数字全部修约为四位有效数字，结果为：

0.153050——0.1530

12.6450——12.64

18.2750——18.28

0.153750——0.1538

12.7350——12.74

21.845000——21.84

（4）尾数为 5，而尾数“5”的后面还有任何不是 0 的数字时，无论前一位在此时为奇数还是偶数，也无论“5”后面不为 0 的数字在哪一位上，都应向前进一位。例如将下列数字全部修约为四位有效数字，结果为：

0. 326552——0. 3266
12. 73507——12. 74
21. 84502——21. 85
12. 64501——12. 65
18. 27509——18. 28
38. 305000001——38. 31

按照四舍六入五留双规则进行数字修约时，也应像四舍五入规则那样，一次性修约到指定的位数，不可以进行数次修约，否则得到的结果也有可能是错误的。例如将数字 10. 2749945001 修约为四位有效数字时，应一步到位：10. 2749945001—10. 27（正确）。如果按照四舍六入五留双规则分步修约将得到错误结果：10. 2749945001—10. 274995—10. 275—10. 28（错误）。

二、有效数字运算规则

由于与误差传递有关，计算时加减法和乘除法的运算规则不太相同。

（一）加减法

先按小数点后位数最少的数据或绝对误差最大的数字为依据保留其他各数的位数，再进行加减计算，计算结果也使小数点后保留相同的位数。

例：计算 50. 1+1. 45+0. 5812 = ？　修约为：50. 1+1. 4+0. 6 = 52. 1

先修约，结果相同而计算简捷。

例：计算 12. 43+5. 765+132. 812 = ？　修约为：12. 43+5. 76+132. 81 = 151. 00

注意：用计数器计算后，屏幕上显示的是 151，但不能直接记录，否则会影响以后的修约；应在数值后添两个 0，使小数点后有两位有效数字。

（二）乘除法

先按有效数字最少的数据或相对误差最大的保留其他各数，再进行乘除运算，计算结果仍保留相同有效数字。

【例 2-1】 计算 0. 0121×25. 64×1. 05782 = ？　修约为：0. 0121×25. 6×1. 06 = ？

计算后结果为：0. 3283456，结果仍保留为三位有效数字。

记录为：0. 0121×25. 6×1. 06 = 0. 328

注意：用计算器计算结果后，要按照运算规则对结果进行修约。

【例 2-2】 计算 2. 5046×2. 005×1. 52 = ？　修约为：2. 50×2. 00×1. 52 = ？

计算器计算结果显示为 7. 6，只有两位有效数字，但我们抄写时应在数字后加一个 0，保留三位有效数字。2. 50×2. 00×1. 52 = 7. 60

为了提高计算结果的可靠性，可以暂时多保留一位数字，得到最后结果，再弃去多余的数字。

同时，要遵循以下特殊情况：

（1）若数据的第一位数字大于 8，可多算一位有效数字，例如 9. 25mL 只有三位，计算时可按四位有效数字处理（接近 10. 00）。

（2）有关化学平衡的计算（如计算平衡时某离子的浓度），保留两位或三位有效数字。

（3）通常对于组分含量在 10%以上时，一般要求分析结果有效数字四位；含量 1%～

10%时，三位有效数字；低于1%时，一般要求一或两位有效数字。

（4）以误差表示分析结果的准确度时，一般保留一位有效数字，最多取两位。

用计算器连续运算得出的结果，应一次修约成所需位数。

单元小结

一、定量分析中的误差

（1）准确度和精密度。

（2）误差的分类及产生的原因。

（3）精密度和准确度的关系。

项目	含义	衡量标准	决定因素
精密度	表示测定结果的重复性	平均值	偶然误差
准确度	表示测定结果的正确性	真实值	系统误差和偶然误差

（4）公差。公差是生产部门对于测定结果所能允许误差的一种表示方法。

（5）提高分析结果准确度的方法：

1）选择合适的分析方法。

2）减小测量误差。

3）增加平行测定次数。

4）消除测定过程中的系统误差。

二、有效数字及其运算规则

（1）有效数字。

1）有效数字的定义。

2）有效数字的位数。

（2）有效数字修约规则。“四舍六入五留双”。

（3）有效数字运算规则。

1）加减法。先按小数点后位数最少的数据或绝对误差最大的数字为依据保留其他各数的位数，再进行加减计算，计算结果也使小数点后保留相同的位数。

2）乘除法。先按有效数字最少的数据或相对误差最大的保留其他各数，再进行乘除运算，计算结果仍保留相同有效数字。

单元习题

一、选择题

1. 可以用下列哪种方法减少分析测定中的偶然误差？（　　）

A. 进行仪器校准　　B. 进行空白试验

C. 增加平行试验的次数　　D. 进行对照试验

2. 3.241×4.4+0.3244的计算结果，根据有效数字的运算规则，应保留的有效数字的位数为（　　）。

A. 5位　　B. 4位　　C. 3位　　D. 2位

3. 定量分析中，做空白试验的目的是（　　）。

A. 消除过失误差　　B. 提高准确度　　C. 消除偶然误差　　D. 提高精密度

4. 测定试样中 CaO 的质量分数，以下结果表示正确的是（　　）。

A. 11%　　B. 11.1%　　C. 11.08%　　D. 11.077%

5. 分析操作中的哪种情况不会引起系统误差？（　　）

A. 温度、仪器和气压性能的微小变化　　B. 方法不完善

C. 仪器未校正　　D. 试剂中含有干扰物质

6. 下列说法正确的是（　　）。

A. 系统误差小，准确度一定高　　B. 精密度高，准确度一定高

C. 偶然误差小，准确度一定高　　D. 准确度高，系统误差和偶然误差一定小

7. 定量分析工作要求测定结果的误差（　　）。

A. 在允许误差范围内　　B. 没有要求

C. 等于零　　D. 略大于允许误差

8. 下列关于标准偏差的叙述错误的是（　　）。

A. 避免了各次测定的偏差相加时正负抵消　　B. 大偏差能更显著地反映出来

C. 有正负偏差之分　　D. 能更好地说明测定数据的精密度

9. 测定精密度好，表示（　　）。

A. 系统误差小　　B. 偶然误差小　　C. 相对误差小　　D. 标准偏差小

10. 分析天平的称量误差约为 0.0002g，如使测量时相对误差达到 0.1%，应称取试样的质量至少是（　　）。

A. 0.1000g 以上　　B. 0.1000g 以下　　C. 0.2g 以上　　D. 2g 以上

11. 如果要求分析结果达到 0.1%的准确度，50mL 滴定管读数误差约为 0.02mL，滴定时所用液体的体积至少要（　　）。

A. 10mL　　B. 5mL　　C. 20mL　　D. 40mL

12. 下列数据中具有三位有效数字的是（　　）。

A. 0.045　　B. 3.030　　C. pH=6.72　　D. 9.00×10^3

13. 用分析天平准确称量某试样重，下列记录正确的是（　　）。

A. 1.45g　　B. 1.450g　　C. 1.4500g　　D. 1.45000g

14. 微量分析天平可称准±0.1mg，要使称量误差不大于 1‰，至少应称取试样（　　）。

A. 0.05g　　B. 0.1g　　C. 0.15g　　D. ≥0.2g

15. 绝对偏差是指单项测定与（　　）的差值。

A. 真实值　　B. 测定次数　　C. 平均值　　D. 绝对误差

16. 如果要求分析结果达到 0.1%的准确度，使用灵敏度为 0.1mg 的天平称取试样时，至少应称取（　　）。

A. 0.1g　　B. 0.2g　　C. 0.05g　　D. 0.5g

17. 下列有关随机误差的论述中不正确的是（　　）。

A. 随机误差在分析中是不可避免的　　B. 随机误差出现正误差和负误差的机会均等

C. 随机误差具有单向性　　D. 随机误差是由一些不确定的偶然因素造成的

18. 滴定分析测量中，属于偶然误差的是（　　）。

A. 试样未经充分混合　　B. 滴定时有液滴溅出

C. 砝码生锈　　D. 滴定管最后一位估读不准确

二、计算题

1. 在一次滴定分析中，获得一组滴定体积（以 mL 为单位）如下：15.35、15.26、15.48、15.50、16.02。试利用误差分析的方法，计算该组数据的相对平均偏差和标准偏差。

2. 测定某试样铁含量，五次测定结果为 34.66%、34.68%、34.61%、34.57%、34.63%。计算分析结果的相对标准偏差。

第三单元　滴定分析概论

【单元导读】

滴定分析法是通过滴定操作，根据与被测组分反应所需标准滴定溶液的体积和浓度，来确定试样中待测组分含量的一种分析方法。由于这类方法主要测量的是溶液的容积，故又称“容量分析法”。

滴定分析法是目前完成化学分析任务最常用的一类分析方法。它适用于组分含量在1%以上的常量组分的分析。该法快速、准确、仪器设备简单、操作简便、准确度高（相对误差只有0.1%~0.2%），因此在实际生产和科学研究中应用十分广泛。

【知识目标】

掌握：（1）滴定分析的基本概念；

（2）滴定分析对化学反应的要求及其分类；

（3）溶液浓度的表示方法及换算；

（4）滴定分析结果的有关计算；

（5）滴定分析标准溶液的两种配制方法及使用条件；

（6）认识移液管、容量瓶、滴定管及其基本操作要求。

理解：（1）基准物质的要求，及其使用条件；

（2）等物质的量反应规则。

【能力目标】

（1）正确选择基准物质；

（2）能正确计算滴定分析结果；

（3）能正确配制标准溶液，计算标准溶液浓度；

（4）熟练掌握移液管、容量瓶、滴定管的使用方法；

（5）能够进行溶液各种浓度的计算及相互换算、能够熟练计算标准滴定溶液浓度；

（6）能根据等物质的量反应规则计算待测组分的含量。

第一节　概　　述

随着“绿色食品”“有机食品”的不断问世和“放心肉”工程的逐步实施，人们越来越重视农畜产品的品质，越来越关注人类的“饮食文化”，不仅限要吃得舒心，而且要吃得放心。那么，农畜产品的品质如何进行检测呢？本项目介绍的是最常见的一类方法——滴定分析法，通过本项目的学习激发学生的担当意识和社会责任感。

一、滴定分析对化学反应的要求

滴定分析是以化学反应为基础的分析方法，但其并不适用于所有的化学反应，适用于滴定分析的化学反应，必须具备以下条件：

（1）反应必须定量。完成标准溶液与被测物质之间的反应要按一定的化学反应方程式进行且反应完全，反应定量完成的程度要求达到99.9%以上，无副反应生成，这是定量分析结果处理的基础。

（2）反应速度要快。滴定反应要求瞬间完成，对于速度较慢的反应，需通过加热或加入催化剂等方法提高反应速率。

（3）反应选择性要高。标准溶液只能与被测物质反应，被测物质中的杂质不得干扰主要反应，当有干扰物质存在时，可先除去或用适当的方法分离或掩蔽，来消除其影响。

（4）要有适当的方法。确定滴定终点一般采用指示剂来确定终点。合适的指示剂在终点附近变色应清晰、敏锐，且滴定误差小于0.1%，也可采用仪器指示滴定终点的到达。

二、滴定分析的分类

（一）根据标准溶液和待测组分间的反应类型的不同分类

（1）酸碱滴定法。酸碱滴定法是以质子传递反应为基础的一种滴定分析方法，其反应实质是：

$$H^+ + OH^- \longrightarrow H_2O$$

酸碱滴定法可用于测定酸性物质和碱性物质。

（2）配位滴定法。配位滴定法是以配位反应为基础的一种滴定分析方法，产物为配合物或配合离子。常用的是乙二胺四乙酸二钠盐（EDTA）配制成的标准滴定溶液，测定各种金属离子。

$$M^{2+} + Y^{4-} \longrightarrow MY^{2-}$$

（3）氧化还原滴定法。氧化还原滴定法是以氧化还原反应为基础的一种滴定分析方法，用于测定具有氧化性和还原性的物质，对于不具有氧化性或还原性的物质，可进行间接测定。例如：

$$Cr_2O_7^{2-} + 6Fe^{2+} + 14H^+ \longrightarrow 2Cr^{3+} + 6Fe^{3+} + 7H_2O \text{（重铬酸钾法测定亚铁盐）}$$

$$I_2 + 2S_2O_3^{2-} \longrightarrow 2I^- + S_4O_6^{2-} \text{（间接碘量法）}$$

此法可以用来测定具有氧化性和还原性的物质，以及能和氧化剂和还原剂发生间接反应的物质。

（4）沉淀滴定法。沉淀滴定法是以沉淀反应为基础的一种滴定分析方法。例如银量法，可以测定 Ag^+、CN^-、SCN^-及卤素等离子。

$$Ag^+ + Cl^- \longrightarrow AgCl\downarrow \text{（白色）}$$

（二）按滴定分析操作方式的不同分类

（1）直接滴定法。用标准滴定溶液直接滴定待测物质的溶液的方法，称为直接滴定法。一般能满足滴定分析要求的反应，都可用直接滴定法。这是滴定分析中最常用的方法。例如用盐酸标准滴定溶液滴定未知含量的碱溶液，用 $K_2Cr_2O_7$ 标准滴定溶液滴定 Fe^{2+}等。

（2）返滴定法（回滴法或剩余滴定法）。对于一些反应速度比较慢或反应物是固体，滴定剂与之反应不能立即完成，或没有合适指示剂的化学反应，可以用返滴定法滴定。这种方法是先在待测溶液中加入过量的一种标准溶液，反应完全后，再用另一种标准溶液滴定过剩的第一种标准溶液。由加入标准滴定溶液的总量及另一标准滴定溶液的用量，求得待测组分的含量。例如利用碘量法测定普鲁卡因青霉素的含量时，由于反应速度较慢，就是先在样品溶液中加入过量的碘滴定液，然后用硫代硫酸钠滴定剂回滴过量的碘。又如测定固体 $CaCO_3$，加入一定量过量的 HCl 标准滴定溶液，反应完全后，用 NaOH 标准滴定溶液滴定剩余的 HCl。

（3）置换滴定法。如果被测物质与标准滴定溶液不能定量反应，或伴有副反应发生，可以采用置换滴定法滴定。这种方式是在试液中加适当试剂与被测物质作用，生成一种能被滴定的物质，然后用标准滴定溶液滴定此反应物，由标准滴定溶液的消耗量、产物和待测组分的计量关系，计算出待测组分的含量。例如用 $Na_2S_2O_3$ 测定 $K_2Cr_2O_7$ 时，因 $K_2Cr_2O_7$ 是强氧化剂，能将 $Na_2S_2O_3$ 氧化成 $S_4O_6^{2-}$ 和 SO_4^{2-} 的混合物，没有确定的计量关系，所以不能直接滴定。测定时可先将 $K_2Cr_2O_7$ 与过量的 KI 反应，释放出和 $K_2Cr_2O_7$ 有确定计量关系的 I_2，然后再用 $Na_2S_2O_3$ 滴定释放出的 I_2，便可间接地求出 $K_2Cr_2O_7$ 的量。

$$K_2Cr_2O_7 + 6KI + 7H_2SO_4 \longrightarrow Cr_2(SO_4)_3 + 4K_2SO_4 + 7H_2O + 3I_2$$

$$I_2 + 2S_2O_3^{2-} \longrightarrow 2I^- + S_4O_6^{2-}$$

（4）间接滴定法。不能与标准滴定溶液直接反应的物质，可以通过另外的化学反应以滴定法间接测定。例如 Ca^{2+} 不能直接用氧化还原法滴定。但可以先将其沉淀为 CaC_2O_4，然后将沉淀滤过洗涤后再溶解于硫酸中，就可用 $KMnO_4$ 标准溶液滴定溶液中的草酸，间接测定 Ca^{2+} 的含量。

由于返滴定、置换滴定法及间接滴定法的应用，大大扩展了滴定分析的应用范围。

第二节　滴定分析的计算

滴定分析的计算，主要包括溶液浓度的表示和计算、分析结果的表示和计算、分析误差及计算。本节只讲述前两种计算和实例。通过本项目的学习，牢固树立严格的“定量”的概念，帮助学生建立实事求是、严谨细致的科学素养，学会思考，培养分析问题和解决问题的能力。

一、滴定分析计算中常用的物理量

根据国家计量法及国家标准（GB 3102. 1. 3. 8—82）的规定，滴定分析计算中常用的物理量和单位见表 3-1。

表 3-1　滴定分析计算中常用的基本物理量和单位

基本物理量		法定计量单位		换算关系①
量的名称	量的符号	单位名称	单位符号	
体积	V	升，毫升	L，mL	1L = 1000mL
质量	m	克	g	$m = nM = \frac{c_B VM}{1000}$

续表 3-1

基本物理量		法定计量单位		换算关系①
量的名称	量的符号	单位名称	单位符号	
物质的量	n	摩（尔）	mol	$n=\frac{m}{M}=\frac{c_BV}{1000}$
摩尔质量	M	克每摩（尔）	g/mol	$M=\frac{m}{n}=\frac{1000m}{c_BV}$
物质的量浓度	c_B②	摩（尔）每升	mol/L	$c_B=1000\frac{n}{V}=1000\frac{m}{VM}$

①此栏内体积 V 的单位都是 mL。凡涉及 n、M、c 的关系式中其基本单元必须相同。

②B 的物质的量浓度，也可以简称为物质 B 的浓度。符号 c_B 中的下标即为具体的物质的基本单元。

（一）物质的量

物质的量表示的是物质基本单元数目量的多少，用符号 n 表示，单位名称是摩尔，符号为 mol。摩尔是一系统的物质的量，该系统中所包含的基本单元数与 0.012kg 碳-12 的原子数目相等。据实验测得 0.012kg 碳-12 所包含的碳原子数目为 $(6.0221367 \pm 0.00000317) \times 10^{23}$ 个，即阿伏伽德罗常数。如果系统中该物质的基本单元数目与 0.012kg 碳-12 的原子数目一样多，则该物质的物质的量就是 1mol。基本单元可以是分子、原子、离子及其他粒子，或者是这些粒子的特定组合。因此，在使用摩尔时，基本单元应予指明。这就是说，物质的量的数值取决于基本单元的选择。例如，98.08g 的 H_2SO_4，以 H_2SO_4 作为基本单元时，其 $n(H_2SO_4)$ 为 1mol，若以 $\frac{1}{2}H_2SO_4$ 作为基本单元，则 $n\left(\frac{1}{2}H_2SO_4\right)$ 为 2mol。由此可见，同样质量的物质，其物质的量可因选用的基本单元的不同而不同。同样，在使用物质的量的导出量如摩尔质量、摩尔浓度等，也必须指明基本单元。

（二）摩尔质量

单位物质的量的物质所具有的质量叫做该物质的摩尔质量，用符号 M_B 表示。

$$M_B = \frac{m_B}{n_B}$$

式中 M_B——摩尔质量，常用单位是 g/mol，任何物质的摩尔质量在以 g/mol 为单位时，数值上等于其相对基本单元质量；

n_B——物质的量，mol；

m_B——质量，常用单位是 g。

（三）物质的量浓度

单位体积溶液中所含的溶质 B 物质的量叫做该溶质的物质的量浓度，用符号 c_B 表示，单位是 mol/L。

物质的量浓度 = 溶质的物质的量 / 溶液的体积

$$c_B = \frac{n_B}{V}$$

式中 c_B——物质的量浓度，mo/L；

n_B——物质的量，mol；

V——溶液的体积，常用单位是 L 或 mL。

二、溶液浓度的表示方法及换算

分析化学中，溶液按其用途不同可分为一般溶液和标准溶液两大类。一般溶液，如指示剂、吸收剂、缓冲溶液等，仅需要近似浓度即可；标准溶液作为滴定剂，其浓度要求准确到 4 位有效数字。

（一）溶液浓度的表示方法及计算

1. B 的质量分数

溶质 B 的质量与溶液质量的比叫 B 的质量分数。用 w_B 表示：

$$w_B=\frac{\text{溶质质量}}{\text{溶液质量}}\times 100\%=\frac{\text{溶质质量}}{\text{溶液密度}\times\text{溶液体积}}\times 100\%$$

例如 30%的 NaOH 水溶液，即为 100g 溶液中含有 30g NaOH、70g 水。

【例 3-1】 欲配制 5%K_2CrO_4 溶液 500g，求 K_2CrO_4 及蒸馏水的质量各为多少？

解： 设所需 K_2CrO_4 的质量为 x，则

$$w(K_2CrO_4)=5\%=\frac{X}{500}\times 100\%$$

$$x=25\text{g}$$

则蒸馏水为 500-25=475(g)。

配制时，由于蒸馏水的密度近似等于 1g/mL，称取 25g K_2CrO_4 固体，溶于 475g(mL)蒸馏水中即可。

【例 3-2】 欲配制 70%的硫酸溶液 1000mL，问需 98%的硫酸多少毫升？

解： 查表得 70%的硫酸溶液的密度 $\rho_2=1.62\text{g/mL}$

98%的硫酸溶液的密度 $\rho_1=1.84\text{g/mL}$

设需要浓硫酸的体积为 V_1，利用稀释前后溶质质量不变，即：

$$V_1\rho_1 w_1=V_2\rho_2 w_2$$

则

$$V_1=\frac{V_2\rho_2 w_2}{\rho_1 w_1}=\frac{1000\times 1.62\times 70\%}{1.84\times 98\%}=629(\text{mL})$$

2. B 的质量浓度

质量浓度是指溶质 B 的质量与溶液总体积的比。用 ρ_B 表示：

$$\rho_B=\frac{\text{溶质质量}}{\text{溶液总体积}}\times 100\%=\frac{m_B}{V_B}\times 100\%$$

【例 3-3】 欲配制 10%$BaCl_2$ 溶液 500mL，需称取 $BaCl_2$ 固体的质量为多少？

解： 设称取 $BaCl_2$ 的质量为 m，则

$$m=\rho_B V_B=10\%\times 500=50(\text{g})$$

称取 50g 固体 $BaCl_2$ 用少许水溶解，并用蒸馏水稀释至 500mL。

【例 3-4】 市售 96%的 H_2SO_4，欲配制成质量分数为 30%的 H_2SO_4 400mL，应取浓硫

酸多少毫升？蒸馏水多少毫升？

解：设取浓硫酸为 $V_{浓}$。

已知 $w_{浓}=96\%,\quad w_{稀}=30\%,\quad V_{稀}=400\text{mL}$

查表得 $\rho_{浓}=1.84\text{g/mL},\quad \rho_{稀}=1.22\text{g/mL}$

则
$$V_{浓}=\frac{V_{稀}\rho_{稀}w_{稀}}{\rho_{浓}w_{浓}}=\frac{400\times1.22\times30\%}{1.84\times96\%}=82.9(\text{mL})$$
$$V_{水}=V_{稀}-V_{浓}=400-83=317(\text{mL})$$

配制时用量筒量取 317mL 蒸馏水于烧杯中，再量取 96% H_2SO_4 83mL，缓慢加入水中并冷却。

3. 体积比溶液

体积比溶液是用溶质试剂（市售原装浓溶液）与溶剂体积之比表示的浓度。

如果溶液中溶质试剂和溶剂的体积比为 $a:b$，需要配制溶液的总体积为 V，则加入溶质试剂和溶剂的倍数为 x。

$$x=\frac{V}{a+b}$$

即溶质试剂体积为 ax，溶剂体积为 bx。

【例 3-5】 欲配制 1+3 氨水 1500mL，求所用浓氨水和蒸馏水各为多少毫升？

解：
$$x=\frac{V}{a+b}=\frac{1500}{1+3}=375$$

浓氨水的体积为： $1\times375=375\text{mL}$

蒸馏水的体积为： $3\times375=1125\text{mL}$

用量筒量取 375mL 浓氨水于 2000mL 烧杯中，再加蒸馏水 1125mL 混合均匀即可。

4. B 的物质的量浓度

物质的量浓度是指单位体积溶液中所含溶质 B 的物质的量 n_B，用 c_B 表示。物质的量是指所含某种物质的基本单元数，单位是摩尔（mol）或毫摩尔（mmol），但使用时应指明基本单元。

$$c_B=\frac{n_B}{V_B}$$

式中 n_B——溶质 B 的物质的量，mol；

V_B——物质 B 的溶液体积，L 或 mL。

【例 3-6】 欲配制 $c\left(\frac{1}{6}K_2Cr_2O_7\right)=0.10\text{mol/L}$ 的溶液 1000mL，应称取多少 $K_2Cr_2O_7$？

解：已知 $c\left(\frac{1}{6}K_2Cr_2O_7\right)=0.1\text{mol/L}$，$V=1000\text{mL}=1\text{L}$，$M\left(\frac{1}{6}K_2Cr_2O_7\right)=49.03\text{g/mol}$

则
$$m=c\left(\frac{1}{6}K_2Cr_2O_7\right)\cdot V\cdot M\left(\frac{1}{6}K_2Cr_2O_7\right)=0.10\times1\times49.03=4.9(\text{g})$$

（二）各种浓度间的换算

B 的质量分数与 B 的物质的量浓度之间的换算，有如下关系式：

$$c_B = \frac{1000\rho w_B}{M_B}$$

式中 ρ——溶液的密度，g/mL；

M_B——溶质的摩尔质量，g/mol；

w_B——B 的质量分数，%；

c_B——B 的物质的量浓度，mol/L。

【例 3-7】 将密度为 1.180g/mL 的硫酸稀释至 10 倍，稀释后的溶液 10.00mL 能与 0.2000mol/L NaOH 溶液 30.00mL 完全反应，计算原硫酸溶液的浓度：（1）物质的量浓度；（2）质量分数。

解：（1）稀释后硫酸的物质的量浓度。

由
$$c(\text{NaOH})V = c\left(\frac{1}{2}H_2SO_4\right)V\left(\frac{1}{2}H_2SO_4\right)$$

$$0.2000 \times 30.00 = c\left(\frac{1}{2}H_2SO_4\right) \times 10.00$$

得
$$c\left(\frac{1}{2}H_2SO_4\right) = 0.6000\text{mol/L}$$

$$c(H_2SO_4) = \frac{1}{2}c\left(\frac{1}{2}H_2SO_4\right) = \frac{1}{2} \times 0.6000 = 0.3000\text{mol/L}$$

（2）浓 H_2SO_4 的质量分数。

$$c\left(\frac{1}{2}H_2SO_4\right) = \frac{1000\rho w\left(\frac{1}{2}H_2SO_4\right)}{M\left(\frac{1}{2}H_2SO_4\right)}$$

$$w\left(\frac{1}{2}H_2SO_4\right) = \frac{c\left(\frac{1}{2}H_2SO_4\right)M\left(\frac{1}{2}H_2SO_4\right)}{\rho \times 1000} \times 100\% = \frac{6.000 \times 49.04}{1.18 \times 1000} \times 100\% = 24.93\%$$

浓硫酸溶液物质的量浓度为 3.000mol/L，质量分数为 24.93%。

三、分析结果的计算

（一）滴定分析结果计算的依据——等物质的量反应规则

等物质的量反应规则是滴定分析计算中一种比较简便的方法，其关键是确定物质的基本单元。

在滴定分析中，滴定剂 A 与被滴定物质 B 之间的反应是按化学计量关系进行的。

$$aA + bB \longrightarrow cC + dD$$

在确定基本单元后，可根据被滴定组分物质的量 n_B 与滴定剂的物质的量 n_A 相等的原则（$n_A = n_B$）进行计算。在实际分析中，基本单元多以反应的具体情况来确定。例如酸碱反应以结合一个 H^+ 或相当滴定一个 H^+ 为依据，氧化还原反应则以给出或接受一个电子的特定组合为依据。按上式，

$$n\left(\frac{1}{b}A\right)=n\left(\frac{1}{a}B\right)$$

例如，在酸性溶液中，用 $H_2C_2O_4$ 作为基准物质标定 $KMnO_4$ 溶液的浓度，其反应为：

$$2MnO_4^- + 5C_2O_4^{2-} + 16H^+ \longrightarrow 2Mn^{2+} + 10CO_2 + 8H_2O$$

选择 $\frac{1}{5}KMnO_4$ 作为 $KMnO_4$ 的基本单元，$\frac{1}{2}H_2C_2O_4$ 作为 $H_2C_2O_4$ 的基本单元，在化学计量点时，$n\left(\frac{1}{5}KMnO_4\right)=n\left(\frac{1}{2}H_2C_2O_4\right)$。

在置换滴定法和间接滴定法中，涉及两个以上的反应时，也是用待测组分的物质的量与滴定剂的物质的量相等的关系计算。

（二）被测物质的结果计算

（1）质量分数。设被测试样的质量为 $m_{样}$，被测组分的质量为 m，则计算如下：

$$w=\frac{m}{m_{样}}\times 100\%=\frac{(cV)_{滴定剂}\times\frac{M_{被测物}}{1000}}{m_{样}}\times 100\%$$

【例 3-8】 在用 $K_2Cr_2O_7$ 标准溶液滴定铁矿石中的铁时，若 $c\left(\frac{1}{6}K_2Cr_2O_7\right)$ 为 0.1020mol/L，样品质量为 2.5121g，溶于 HCl 后，稀释至 250mL，取此溶液 25mL，用 $K_2Cr_2O_7$ 滴定，消耗体积为 27.05mL，求矿石中 Fe 和 Fe_2O_3 的质量分数。

解：被测试样 $m_{样}=2.5121\times\frac{25}{250}(g)$

则
$$w=\frac{(cV)\left(\frac{1}{6}K_2Cr_2O_7\right)\times\frac{M_{被测物}}{1000}}{m_{样}\times\frac{25}{250}}\times 100\%$$

其中
$$Fe^{2+}\longrightarrow Fe^{3+}+e$$

$$Fe\approx Fe^{2+},\ M_{Fe}=55.85g/mol,\ M\left(\frac{1}{2}Fe_2O_3\right)=79.85g/mol$$

所以矿石中的 Fe 的质量分数为：

$$w(Fe)=\frac{27.05\times 0.1020\times\frac{55.85}{1000}}{2.5121\times\frac{25}{250}}\times 100\%=61.34\%$$

Fe_2O_3 的质量分数为：

$$w(Fe_2O_3)=\frac{27.05\times 0.1020\times\frac{79.85}{1000}}{2.5121\times\frac{25}{250}}\times 100\%=87.70\%$$

（2）质量浓度。若被测样品为液体，一般采用每升溶液中含被测组分的质量表示，单位为 g/L 或 mg/L。一般水质分析、液体产品分析及酸碱溶液分析等采用较多。

$$\rho_{被测}(g/L)=\frac{m_{被测}}{V_{样}(mL)}\times1000=\frac{(cV)_{标准溶液}\times\dfrac{M_{被测物}}{1000}}{V_{样}(mL)}\times1000$$

【例 3-9】 用 NaOH 测定 HAc 溶液时，移取 1.00mL 醋酸样品，用 0.1000mol/L 的 NaOH 滴定，用去标准溶液 26.23mL，求醋酸的质量浓度。

解： 已知 $M(HAc)=60.05g/mol$

则 $$\rho(HAc)=\frac{(cV)_{NaOH}\times\dfrac{M_{被测物}}{1000}\times1000}{V_{样}}=\frac{0.1000\times26.23\times60.05}{1.00}=157.5(g/L)$$

醋酸的质量浓度为 157.5g/L。

（三）计算示例

【例 3-10】 已知 H_2SO_4 标准溶液的浓度为 0.05012mol/L，用此溶液滴定未知浓度的 NaOH 溶液 20.00mL，用去 H_2SO_4 标准溶液 20.45mL，求 NaOH 溶液的浓度是多少？

解： 滴定反应式为： $H_2SO_4+2NaOH=\!=\!=Na_2SO_4+2H_2O$

达到化学计量点时： $n_{NaOH}=n_{\frac{1}{2}H_2SO_4}$

即： $c_{NaOH}V_{NaOH}=c_{\frac{1}{2}H_2SO_4}V_{\frac{1}{2}H_2SO_4}$

已知标准溶液 $n_{H_2SO_4}=1$，待测物质 $n_{NaOH}=2$。

则 $$c_{NaOH}=\frac{c_{\frac{1}{2}H_2SO_4}V_{\frac{1}{2}H_2SO_4}}{V_{NaOH}}=\frac{2\times0.05012\times20.45}{20.00}=0.1025(mol/L)$$

【例 3-11】 用无水 Na_2CO_3 标定盐酸标准溶液，称取基准 Na_2CO_3 0.1371g，用 HCl 滴定到等量点，消耗 HCl 28.80mL，求 HCl 溶液的物质的量浓度。

解： 由等物质的量规则得：

$$c(HCl)V(HCl)=\frac{m(Na_2CO_3)}{M\left(\dfrac{1}{2}Na_2CO_3\right)}\times1000$$

$$c(HCl)=\frac{m(Na_2CO_3)}{M\left(\dfrac{1}{2}Na_2CO_3\right)}\times\frac{1000}{V(HCl)}$$

$$M\left(\frac{1}{2}Na_2CO_3\right)=52.99g/mol$$

$$c(HCl)=\frac{m(Na_2CO_3)}{M\left(\dfrac{1}{2}Na_2CO_3\right)}\times\frac{1000}{V(HCl)}=\frac{0.1371\times1000}{52.99\times28.80}=0.08984(mol/L)$$

【例 3-12】 量取密度为 0.960g/mL 的氨水溶液 5.00mL，用 0.1000mol/L 的 HCl 滴定，消耗 28.53mL，求此氨水的质量分数。

解：

$$w(NH_3)=\frac{(cV)_{滴定剂}\times\frac{M_{被测物}}{1000}}{\rho V_{样}}\times 100\%$$

$$=\frac{0.1000\times 28.53\times\frac{17.03}{1000}}{0.960\times 5.00}\times 100\%=10.12\%$$

第三节　化学试剂及溶液制备

溶液的制备是实验室分析人员应具备的最基础的技术，以如何配制溶液为桥梁，让学生体会理论与实践的统一，提高自我认同感和职业责任感，落实工匠精神，渗透爱岗敬业的思想。

一、化学试剂

化学试剂又叫化学药品，简称试剂，是指具有一定纯度标准的各种单质和化合物（也可以是混合物）。

目前我国的化学试剂一般等级规格见表 3-2。

表 3-2　我国化学试剂的等级规格标准

级别	一级品	二级品	三级品	四级品
中文标志	优级纯	分析纯	化学纯	实验试剂
英文代号	G. R	A. R	C. R	L. R
标签颜色	绿	红	蓝	棕或其他色
纯度标准	纯度较高	纯度略差	较差	杂质较多
适用范围	精密分析及科研	一般分析工作	一般工矿、学校化学实验室	实验辅助试剂

化学试剂除上述几个等级外，还有基准试剂、光谱纯试剂及超纯试剂等。基准试剂相当或高于优级纯试剂，专作滴定分析的基准物质，用以确定未知溶液的准确浓度或直接配制标准溶液，其主成分含量一般在 99.95%~100.0%，杂质总量不超过 0.05%；光谱纯试剂主要用于光谱分析中作标准物质，其杂质用光谱分析法测不出或杂质低于某一限度，纯度在 99.99%以上；超纯试剂又称高纯试剂，是用一些特殊设备（如石英、铂器皿）生产的。

在使用化学试剂时，要根据分析准确度要求，选择相应等级的试剂。

使用化学试剂应注意：

（1）对易燃易爆的试剂应分开保管，对剧毒试剂，如 KCN、As_2O_3 等，应专人按一定的规章制度严格管理。

（2）每瓶试剂都必须有标签标明名称、规格、化学式及主要杂质含量。配制试剂必须标明名称、浓度、配制或标定日期，必须按瓶上标明的式量进行计算。

（3）使用试剂时，如取出的一次未用完，必须封存剩余的取出试剂，不能再放回原试剂瓶。

（4）在空气中或见光可分解的试剂，如高锰酸钾、碘化钾、硝酸银等，应用棕色瓶盛放，储于暗处；对玻璃有腐蚀作用的试剂，如氢氟酸、碱液等，应盛在塑料瓶中。

二、溶液的配制

（一）一般溶液的配制

配制这类溶液一般使用分析纯试剂，配制时试剂的质量由托盘天平称量，体积用量用量筒或量杯量取。配制这类溶液的关键是正确地计算应该称量的溶质的质量或应该量取的液体溶质的体积。溶质的溶解或稀释过程常伴有放热或吸热效应，因此，配制溶液一般都在烧杯中进行，溶解要搅匀、冷却至室温后，才能移入试剂瓶中，并贴好标签，待用。

（二）标准溶液的配制与标定

标准溶液的配制方法一般有直接配制法和间接配制法（标定法）两种。

1. 直接配制法

将准确称量的一定量的化学基准试剂溶解后，移入一准确体积的容器中，加溶剂至刻线，摇匀。根据称取的基准物质的质量和溶液的体积，计算所配标准溶液的准确浓度。

$$m_B = C_B M_B V_B$$

能用于直接配制标准溶液的物质，必须具备几个条件：

（1）纯度高。要求杂质含量在万分之一以下，即纯度为3个9以上的，一般可用基准试剂或优级纯试剂。

（2）组成与化学式相符。若含有结晶水，其含量也应与化学式相符。如 $Na_2B_4O_7 \cdot 10H_2O$，结晶水应恒定为10个。

（3）性质稳定。干燥时不分解，称量时不吸潮，不吸收二氧化碳，不被空气氧化，放置时不变质。

（4）容易溶解，最好具有较大的摩尔质量，降低称量误差。

能同时满足以上几个条件的物质至少为基准级别或以上物质。另外，基准物质摩尔质量以较大为好，因摩尔质量大，称取量大，称取的相对误差较小。

在生产、储运过程中基准物质中可能会进入少量水分和杂质，因此，在使用前必须经过一定的处理。常用的基准物质及其处理方法见表3-3。

表3-3 常用的基准物质的干燥条件及其应用

基准物质		干燥后的组成	干燥条件	测定对象
名称	分子式			
碳酸氢钠	$NaHCO_3$	Na_2CO_3	270~300℃	酸
碳酸钠	$Na_2CO_3 \cdot 10H_2O$	Na_2CO_3	270~300℃	酸
硼砂	$Na_2B_4O_7 \cdot 10H_2O$	$Na_2B_4O_7 \cdot 10H_2O$	放在装有NaCl和蔗糖饱和溶液的密闭容器中	酸

续表 3-3

基准物质		干燥后的组成	干燥条件	测定对象
名称	分子式			
碳酸氢钾	$KHCO_3$	K_2CO_3	270~300℃	酸
草酸	$H_2C_2O_4 \cdot 2H_2O$	$H_2C_2O_4 \cdot 2H_2O$	室温干燥空气	碱或 $KMnO_4$
邻苯二甲酸氢钾	$KHC_8H_4O_4$	$KHC_8H_4O_4$	110~120℃	碱
重铬酸钾	$K_2Cr_2O_7$	$K_2Cr_2O_7$	140~150℃	还原剂
溴酸钾	$KBrO_3$	$KBrO_3$	130℃	还原剂
碘酸钾	KIO_3	KIO_3	130℃	还原剂
三氧化二砷	As_2O_3	As_2O_3	室温，硫酸干燥器中保存	氧化剂
草酸钠	$Na_2C_2O_4$	$Na_2C_2O_4$	130℃	氧化剂
碳酸钙	$CaCO_3$	$CaCO_3$	110℃	EDTA
铜	Cu	Cu	室温下干燥器中保存	还原剂
锌	Zn	Zn	室温，干燥器中保存	EDTA
氧化锌	ZnO	ZnO	900~1000℃	EDTA
氯化钠	NaCl	NaCl	500~600℃	$AgNO_3$
氯化钾	KCl	KCl	500~600℃	$AgNO_3$
硝酸银	$AgNO_3$	$AgNO_3$	硫酸干燥器中保存	氯化物

由于符合基准试剂的物质种类有限，同时不少标准溶液不能用直接法配置，例如 NaOH 试剂易吸收水分和 CO_2，$KMnO_4$ 易分解等。因此，可以采用标定的方法来制备。

2. 间接配制法（标定法）

此法是先将一般试剂配制成所需的近似浓度的溶液，然后用基准物质标定或用另一种标准滴定溶液来测定其准确的浓度，一般称这种测定操作过程为标定。

（1）用基准物质标定（标定法）。称取一定量的基准物质，溶解后用待标定的溶液滴定至等量点（滴定终点），然后根据基准物质的量及被标定溶液的消耗量，计算被标定溶液的准确浓度。

$$c = \frac{m_{基} \times 1000}{M_{基} \times V_{标}}$$

式中 c——被标定溶液的物质的量浓度，mol/L；

$m_{基}$——基准物质的质量，g；

$M_{基}$——基准物摩尔质量，g/mol；

$V_{标}$——滴定消耗的被标定溶液体积，mL。

例如 NaOH 标准溶液的配制，一般是先配制成近似浓度的溶液，然后用基准物质邻苯二甲酸氢钾来标定 NaOH 溶液的准确浓度。

标定时，一般应平行测定 2~3 次，取算数平均值为测定结果，且滴定结果的相对偏差不得超过 0.2%。标定好的标准滴定溶液应妥善保存。标定时的实验条件应与此标准滴定溶液测定某组分时的条件尽量一致，以消除由于条件影响所造成的误差。

（2）用标准滴定溶液标定（比较法）。准确量取一定量的被标定溶液，用已知准确浓度的标准溶液标定，或准确量取一定量的已知准确浓度的标准溶液，用被标定溶液滴定，根据两种溶液消耗的体积及标准溶液的浓度计算出被标定溶液的浓度。这种方法也称为互标法或比较法。

$$c_1V_1 = c_2V_2$$

$$c_2 = \frac{c_1V_1}{V_2}$$

式中 c_1——已知浓度的标准溶液的物质的量浓度，mol/L；

V_1——已知浓度的标准溶液的体积，mL；

c_2——待标定溶液的物质的量浓度，mol/L；

V_2——待标定溶液的体积，mL。

此方法的准确度比用基准试剂标定法低。

对于常用的标准滴定溶液的配制和标定应该按国家标准方法进行。

在分析中为减少系统误差，要求保持标定过程中的反应条件和测定样品时的条件一致。

有些厂矿要求配备指定浓度的标准滴定溶液，如0.1000mol/L、0.05000mol/L等。在配制时，溶液浓度一般略高或略低于指定浓度，可以用稀释或加浓溶液来进行调整。两种情况计算如下：

1）当标定溶液浓度较指定浓度略高时，需加水稀释。设标定后浓度为 c_1，溶液体积为 V_1，欲配制指定浓度为 c_2，加水体积为 V_2，加水后总体积为 V_1+V_2，由稀释定律得：

$$c_1V_1 = c_2(V_1 + V_2)$$

即

$$V_2 = \frac{c_1V_1 - c_2V_1}{c_2} = \frac{V_1(c_1 - c_2)}{c_2}$$

【例3-13】 浓度为0.1034mol/L NaOH标准溶液，体积为10L。欲调整成0.1000mol/L，求需加蒸馏水的体积。

解： 已知 c_1=0.1034mol/L，V_1=10L，c_2=0.1000mol/L

得：$V_2 = \frac{c_1V_1 - c_2V_1}{c_2} = \frac{V_1(c_1 - c_2)}{c_2} = \frac{10 \times (0.1034 - 0.1000)}{0.1000}\text{L} = 0.34\text{L} = 340\text{mL}$

准确量取340mL蒸馏水，加入10L溶液中，摇匀后再进行标定。

2）当标定溶液浓度较指定浓度略低时，需加浓溶液进行调整。设标定浓度为 c_1，溶液体积为 V_1，欲配制指定浓度为 c_2，需加浓溶液 $c_{浓}$ 的体积为 $V_{浓}$，则溶液的总体积为 $V_1+V_{浓}$，由稀释定律得：

$$c_1V_1 + c_{浓}V_{浓} = c_2V_{总} = c_2(V_1 + V_{浓})$$

即

$$V_{浓} = \frac{c_2V_1 - c_1V_1}{c_{浓} - c_2} = \frac{V_1(c_2 - c_1)}{c_{浓} - c_2}$$

【例3-14】 标定HCl溶液浓度为0.09902mol/L，体积为10L，欲配成0.1000mol/L，求应加多少12.00mol/L的浓盐酸？

解： 已知 c_1=0.09902mol/L，V_1=10L，c_2=0.1000mol/L，$c_{浓}$=12.00mol/L

则　$$V_{浓}=\frac{c_2V_1-c_1V_1}{c_{浓}-c_2}=\frac{V_1(c_2-c_1)}{c_{浓}-c_2}=\frac{10\times(0.1000-0.09902)}{12.00-0.1000}\text{L}$$

$$=0.000824\text{L}=0.82\text{mL}$$

取 0.82mL 12.00mol/L 的浓盐酸，加入 10L 溶液中，摇匀后再进行标定。

在实际操作中，方法一比较方便，即配制稍浓溶液需加少量的水后再进行标定。若采用方法二，由于加浓溶液的量很小，较难操作，易使标定出现反复。标定时，要求相对误差不大于 0.2%。

（三）标准溶液储存应注意的问题

（1）标准溶液应密封保存，防止水分蒸发，器壁上如有水珠，在使用前应摇匀。

（2）见光易分解、易挥发的溶液应储存于棕色瓶中，如 $KMnO_4$、$Na_2S_2O_3$、$AgNO_3$、I_2 等。

（3）对玻璃有腐蚀的溶液，如 KOH、NaOH、EDTA 等，一般应储于聚乙烯塑料瓶中为佳。短时间盛装稀 KOH、NaOH 的溶液时，也可以用玻璃瓶，不过必须用橡皮塞塞住。对易吸收 CO_2 的溶液，可采用装有碱石灰干燥管的容器，以防止 CO_2 的进入。

标准溶液标定时的温度和使用时的温度最好接近。一般要求温差为：0.1mol/L 标准溶液不大于 10℃，0.5mol/L 和 1mol/L 的标准溶液不大于 5℃。

第四节　滴定分析的一般仪器

在滴定分析操作中所使用的仪器，要满足定量分析的要求，且不与分析中所有物质发生化学反应和无催化分解等作用，计量仪器刻度指示必须要准确。对从事分析工作的人员，必须要掌握其性能、规格及正确使用方法，才能在分析操作过程中尽量减少由于仪器因素而产生的系统误差。基于本节讲解滴定仪器的使用及校正，对比我国与发达国家在该方面的先进仪器，引发学生追求技术进步的紧迫感和自信心，提高学生科研报国的热情，培养学生求真务实的科学精神。

一、滴定仪器的分类和使用

在滴定分析中，容量仪器主要用于测量溶液的体积，测量的准确与否直接影响分析结果的准确度。常用的容量仪器有滴定管、容量瓶和移液管。

（一）滴定管

滴定管是滴定时准确测量标准液体积的仪器（图 3-1），它是具有精确刻度而内径均匀的细长玻璃管，由于所装溶液性质不同，其结构也不同。滴定管一般分为两种：一种是酸式定管，其下端有玻璃活塞开关，用来装酸式溶液和氧化性溶液，不宜盛碱性溶液。因为碱性溶液能腐蚀玻璃，使活塞难以转动。另一种是碱式定管，其下端连接一橡皮管，管内有玻璃珠以控制溶液的流出，橡皮管的下端再接一尖嘴玻璃管。碱式滴定管主要用于装碱性溶液，不能盛放氧化性溶液，如高锰酸钾、碘等溶液，否则会将胶管氧化。

滴定管上部带有刻度，按其刻度最小分度值的不同，可分常量、半微量、微量三种，见表 3-4。

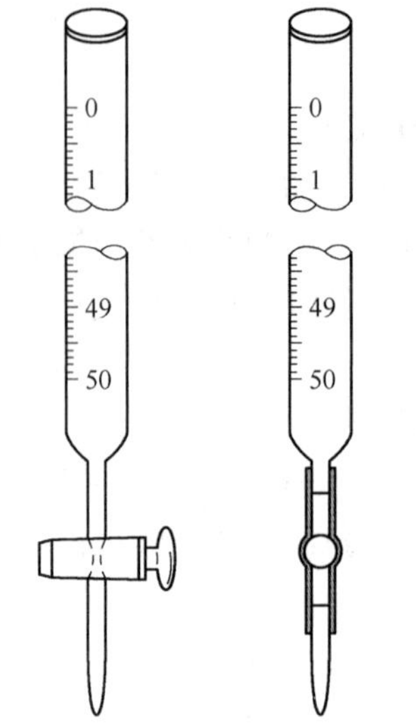

酸式滴定管　　碱式滴定管

图 3-1　滴定管

表 3-4　滴定管的容量及最小分度值

类别	容量/mL	最小分度值/mL
常量	50	0.1
	25	0.1
半微量	10	0.05
微量	5	0.01 或 0.005
	2	
	1	

按加液装置，有手动和自动压气上液滴定管。滴定管的使用主要分三步。

1. 滴定管使用前的准备

对酸式滴定管，先检查活塞和滴定管是否配套，如不配套，则不能使用。然后用铬酸洗液（或合成洗涤剂溶液）浸泡，除去油污，使管内壁不挂水珠。洗净后，在滴定管活塞涂凡士林或真空油脂。最后检查滴定管转动的灵活性。

滴定管涂凡士林油的方法（图 3-2）：将活塞取出，用滤纸或干净的布条将活塞孔擦干净，用食指蘸取少许凡士林，在活塞孔两边的圆锤面上均匀涂上一薄层，然后将活塞平行插入塞孔，并向一个方向转动，直到活塞和塞孔密合，全部呈透明状即可；然后用橡皮圈将活塞缠好，或剪下一小段乳胶管（长 3~4mm）套紧超出活塞孔的活塞末端。若凡士林涂得过多，会挤出并塞住流液孔；若涂得太少，活塞不完全透明，出现纹路，转动活塞时不灵活，均应重新擦净再涂凡士林。应注意在涂油的过程中，滴定管一定要平放、平拿，不要直立，以免擦干的活塞又沾湿。

酸式滴定管试漏的方法：先将活塞关闭，在滴定管装满水，将滴定管垂直固定在滴定管架上，静置 1~2min，观察管口及活塞两端是否有水渗出，然后，将活塞转动 180°，再放置 1~2min，再观察是否有水渗出，若前后两次均无水渗出，活塞转动也灵活，即可使

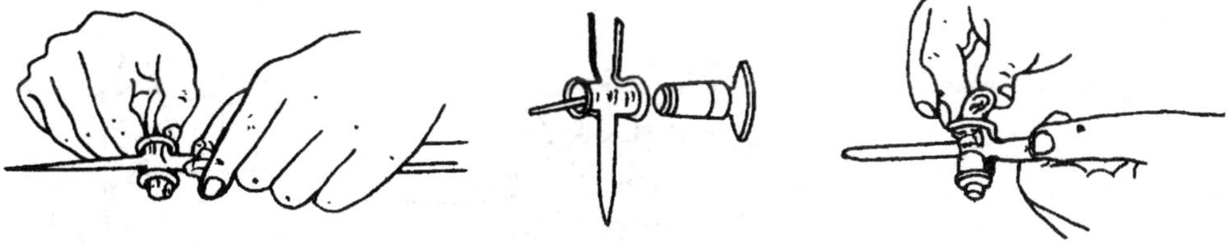

图 3-2　酸式滴定管涂抹凡士林的操作

用。否则，须将活塞取出，重新涂油并试漏合格后再使用。

碱式滴定管不用涂油，只要选择大小合适的玻璃珠和橡皮管将橡皮管（内有玻璃珠）、尖嘴管和滴定管连接好，并检查滴定管是否能够灵活控制即可。如不合要求，则应重新装配。

碱式滴定管试漏的方法：在滴定管内装满水，把滴定管垂直夹在滴定架上，静置 1~2min，仔细观察滴定管下端的尖嘴上是否挂有水珠或有水滴滴下。

2. 滴定操作

将试漏合格的滴定管用滴定剂润洗 2~3 次，每次用液为 5~10mL 左右，操作时，先从下口放出少量溶液，冲洗活塞下面的尖嘴部分；然后，关闭活塞，两手平端滴定管，慢慢转动，使滴定剂与其内壁处处接触，将溶液从上口倒出弃去。洗好后装入滴定剂，注意检查滴定管尖嘴内有无气泡，否则，在滴定过程中，气泡将逸出，影响液体体积的标准测量。对于酸式滴定管，可迅速转动活塞，使溶液快速冲击，将气泡带走；对于碱式滴定管，可把橡皮管向上弯曲，挤动玻璃珠，使溶液从尖嘴出喷出，即可排除气泡（图 3-3），然后将滴定管垂直夹于滴定管架上。

酸式滴定管操作时，用左手控制滴定管的活塞，大拇指在前，食指和中指在后，手指略为弯曲，轻轻向内扣住活塞，转动活塞时，要注意勿使手心顶住活塞或用力把活塞向外拉，以防活塞被顶出，造成漏水（图 3-4）。

使用碱式滴定管时，左手拇指在前，食指在后，捏住橡皮管中玻璃珠所在部位稍上处，捏挤橡皮管，使橡皮管和玻璃珠之间形成一条缝隙，溶液即可流出，利用空隙的大小来控制滴定剂流出的快慢。注意不能捏玻璃珠下方的橡皮管，否则空气进入会形成气泡（图 3-5）。

在滴定时，溶液流出，一般应呈断线珠链状，一边滴入溶液，一边摇动锥形瓶，促进反应进行和使溶液均匀分布。摇动时应作同一方向的圆周运动，而不能振荡。刚开始滴定时，溶液的滴出速度可以稍快些，滴定速度一般以 3~4 滴/秒为宜，临滴定终点时，滴定速度应减慢，要一滴一滴地加入，每加入一滴，摇几下，并用洗瓶吹入少量蒸馏水洗锥形瓶内壁，使附在锥形瓶内壁的溶液全部流下，然后，再半滴半滴地加入，直至准确到达滴定终点。半滴的滴法是将滴定管活塞稍稍转动，使有半滴溶液悬于管口，将锥形瓶内壁与管口相接触，使溶液流出，并以蒸馏水冲下。

滴定操作结束后，应将滴定剂全部放出弃去，将滴定管洗净并用蒸馏水充满，夹于滴定管架上备用。

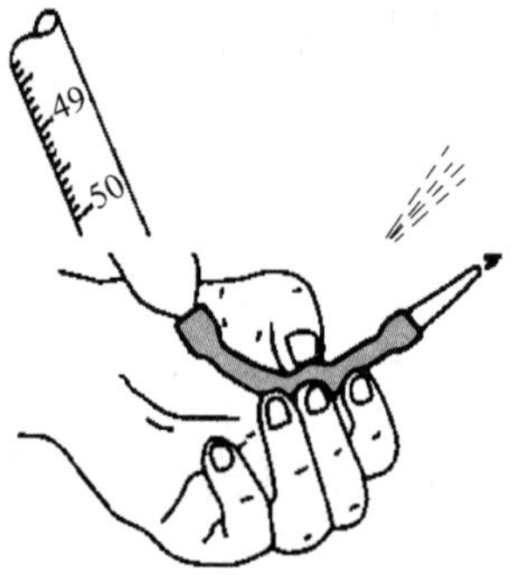

图 3-3 碱式滴定管气泡的赶出

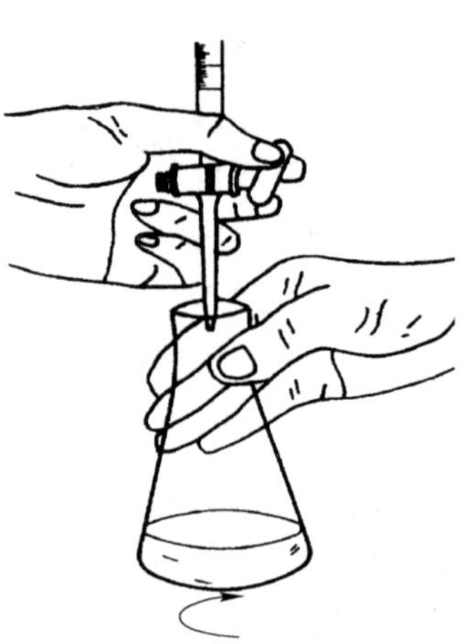

图 3-4 酸式滴定管操作

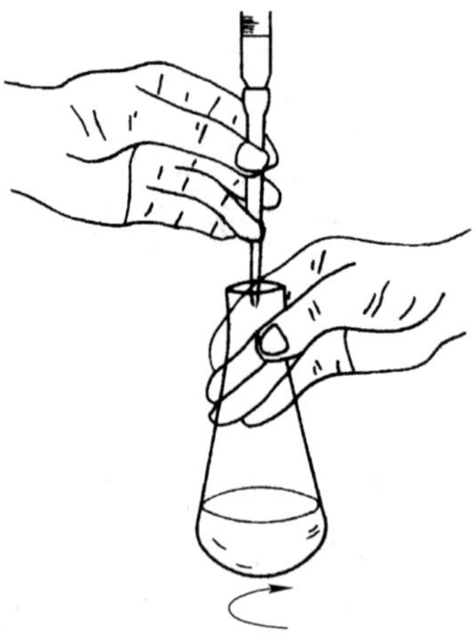

图 3-5 碱式滴定管操作

自动微量滴定管的活塞在操作时，仍是左手控制活塞，右手摇锥形瓶。

3. 滴定管的读数

由于滴定管读数不标准而引起的误差，常常是滴定分析误差的主要来源之一，因此在滴定前应进行读数练习。

由于表面的张力作用，滴定管内的液面呈弯月形，读取滴定管的数字时，应使视线与弯月面最低处相切，读取切点的刻度。对于有色溶液，如 $KMnO_4$、I_2 等，其弯月面不够清晰的，可读取视线与液面两侧的最高点呈水平处的刻度。为了正确读数，一般应遵守下列原则：

（1）读数前，管口尖嘴上应无水珠挂着。

（2）装入或放出溶液后，需等 1～2min，使附着在内壁上的溶液流下来，之后才能读数。

（3）读数时滴定管应保持垂直。

（4）读数时必须读到小数点第二位，即要求精确到 0.01mL。

（5）为了便于读数，可采用读数卡。读数卡可用墨纸或涂有墨的长方形（3cm×1.5cm）白纸制成。读数时，将读数卡放在滴定管背后，使黑色部分在弯月面下 1mm 处，此时即可看到弯月面的反射层呈黑色，然后读取与此黑色弯月面相切的刻度（图 3-6）。

在平行测定时，每次滴定液都装入同一位置零点（0.00mL），则读数也在相近位置，这样可使因滴定管刻度不准确造成的误差相近，提高测定的精密度。若标定和测定采用同一滴定管，可以抵消部分系统误差，提高分析准确度。

在选取滴定管时，最好采用内径较细的，因为相同体积刻度范围长，在小数点后第二位数值的估计较为准确。

（二）移液管和吸量管

移液管和吸量管都是准确移取一定量溶液的仪器（图 3-7）。

移液管是一根细长而中间膨大的玻璃管。管上端有一环形标线，管上标有它的容积和标定的温度。常用的移液管有 5mL、10mL、25mL、50mL 等规格。

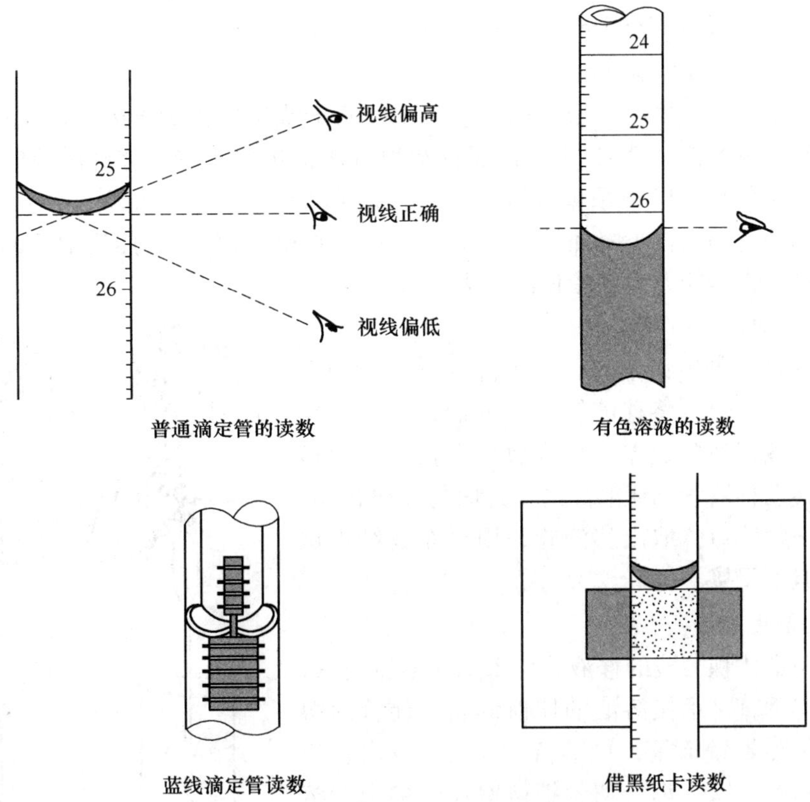

图 3-6　滴定管读数示意图

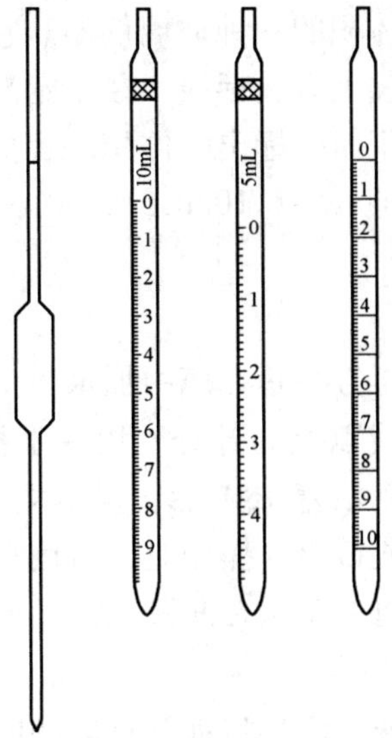

图 3-7　移液管和吸量管

吸量管是具有分刻度的玻璃管，两头直径较小，中间管身直径相同，用以转移不同体积的液体。常用的吸量管有 1mL、2mL、5mL、10mL 等规格。

1. 吸取溶液

洗净的移液管第一次移取溶液前，应先用吸水纸或滤纸将尖端内外的水吸净，然后，用待吸溶液将移液管润洗 2～3 次，以保证移取的溶液浓度不变。移起溶液时，一般用右手拇指和中指拿住移液管管颈标线以上处，将移液管的下口插入待吸溶液面以下 1～2cm 深处，并使移液管随液面下降而下降，左手拿洗耳球内空气压出，然后把球的尖端接到移液管的上管口，慢慢松开左手指使溶液吸入管内（图 3-8）。

2. 调节液面

当液面升高到刻度以上时，移去洗耳球，立即用右手的食指按住管口，将移液管提离液面，然后使管尖端靠着盛溶液器皿的内壁，略为放松食指并用拇指和中指轻轻转动移液管，让溶液的弯月面与标线相切，立刻用食指压紧管口。取出移液管，用干净滤纸擦试管外溶液，但不得接触下口。

3. 放出溶液

把吸有一定体积溶液的移液管插入承接容器内壁，此时移液管应垂直，承接溶液的器皿倾斜。让管内溶液自然地全部沿器壁流下，再等待 15s 后，取出移液管。管上未刻有“吹”时，切勿把残留在管尖内的溶液吹出，因为在校正移液管时，已经考虑了末端所保留溶液的体积（图 3-8）。

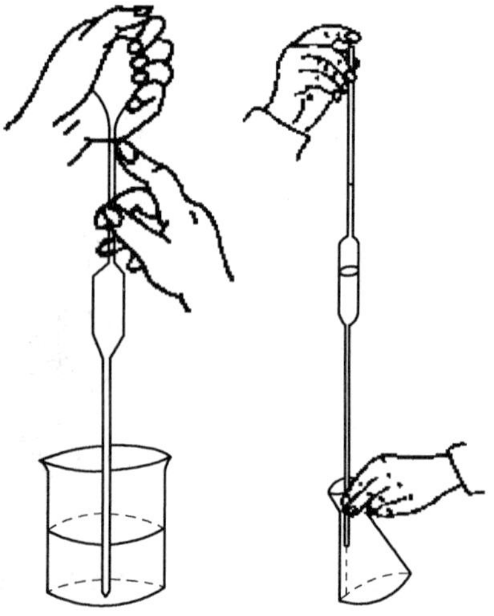

吸取溶液　　放出溶液

图 3-8　吸取、放出液体

（三）容量瓶

容量瓶是准确测量容纳液体体积的一种玻璃仪器。它是一个细颈梨形，带有磨口玻璃塞或橡胶塞的平底玻璃瓶。在其颈上有一标线，在指定温度下，当溶液充满至弯月面与标线相切时，所容纳的溶液体积等于瓶上标出的体积。容量瓶主要用于配制标准溶液或稀释溶液。滴定分析用的容量瓶通常有 10mL、25mL、50mL、100mL、250mL、500mL、1000mL、2000mL 等规格。

1. 容量瓶的准备

容量瓶洗净之后，必须试漏。方法是在瓶中加水于刻度之上，盖好瓶塞，用左手食指按住塞子，其余手指拿住瓶颈标线以上的部分，用右手指尖托住瓶底边缘。将瓶倒立 1～2min，如不漏水，将瓶直立，转动活塞 180°后，再倒立 1～2min，检查，如仍不漏水即可使用。为了防止瓶塞丢失、污染或搞错，操作时，可用食指和中指（或中指与无名指）夹住瓶塞的偏头，也可以用橡皮筋将瓶塞系在瓶颈上。

2. 定量转移溶液

如果是固体物质配制标准溶液，应先将准确称取的固体物质置于小烧杯中，用蒸馏水或其他溶剂溶解，然后再将溶液定量转移到预先洗净的容量瓶中。转移溶液的操作方法：一手将一根玻璃棒伸入容量瓶内，使其下端靠瓶颈内壁，并尽可能地接近标线，另一手拿着烧杯，让烧杯嘴贴紧玻璃棒，慢慢倾斜烧杯，使溶液沿着玻璃棒和容量瓶内壁流入烧杯，待溶液流完后，将烧杯沿玻璃棒轻轻上提；同时将烧杯直立，使附着在烧杯和烧杯壁嘴之间的液滴流回到烧杯中，再用洗瓶以少量蒸馏水冲洗玻璃棒和烧杯 3~4 次，洗出液全部转入容量瓶中。操作时，切勿使溶液流到烧杯或容量瓶外壁而引起损失。

如果是把浓溶液定量稀释，则用移液管吸取一定体积的溶液移入容量瓶中。

3. 稀释溶液

将溶液定量转入容量瓶后，用蒸馏水稀释到容量瓶的 2/3 体积，用手指夹住瓶塞，将容量瓶拿起，按水平方向转动几圈，使溶液初步混合；最后，继续加蒸馏水稀释至标线约 1cm 放置 1~2min，再用细长的滴管加水至弯月面，恰好与标线相切，盖好瓶塞。

4. 摇匀溶液

盖紧瓶塞后，以左手食指按瓶颈上部分，其余四指拿住瓶颈标线以上部分，用右手指尖托住瓶底，将瓶倒立并摇动，再倒转过来，使气泡上升道顶，如此反复 10 次左右。

热溶液应冷却至室温后，才能稀释至标线。需避光的溶液应以棕色容量瓶配制。不要用容量瓶长期存放溶液，应转移到试剂瓶中保存。试剂瓶应用配好的溶液润洗 2~3 次。容量瓶用完后，应立即冲洗干净，若长期不用，磨口处塞处应垫上纸片，以防止塞子打不开（图 3-9）。

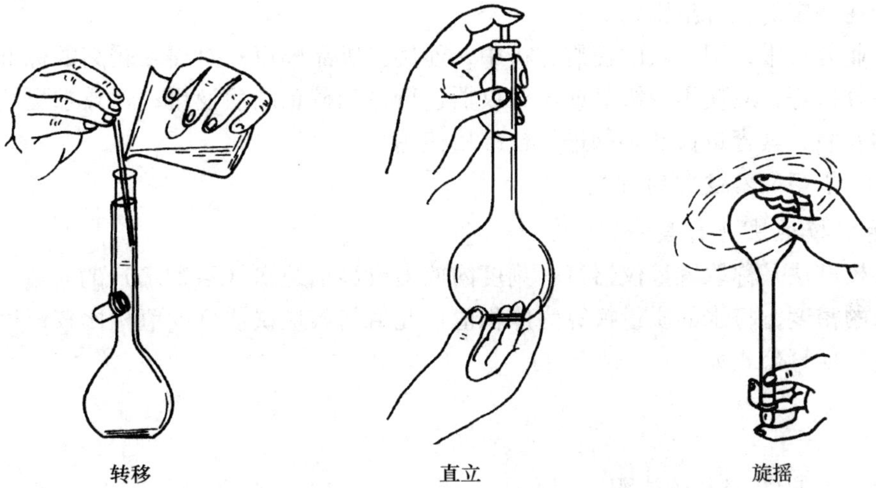

图 3-9　容量瓶的操作

二、滴定仪器的洗涤

化学分析所使用的玻璃器皿，如不干净，将会使少量其他物质进入被测试液中；计量器皿的壁上如挂有水珠，将无法得到准确的体积数值，这些都会影响到分析结果的准确程度。因此，在试验前，必须将器皿洗净。

（一）洗涤剂的种类及应用范围

（1）一般洗涤剂（肥皂水、合成洗涤剂溶液等）。通常用于刷洗无特殊油污的锥形瓶、烧杯、试剂瓶等。

（2）洗涤液。对于被油污染的器皿，就需用洗涤液进行浸洗。如滴定管、移液管、容量瓶、凯氏蒸馏器等。

（二）洗涤仪器的方法和要求

（1）刷洗。先将手洗净，之后用毛刷蘸上少量的洗涤剂将仪器里外刷一遍，再边刷边用自来水冲，待冲净看不到洗涤剂时，再冲洗 3~4 次；当不挂水珠时，再用蒸馏水淋洗 3 遍。

（2）洗液浸泡。对上述刷洗洗不净的仪器和不便于刷的仪器，可用铬酸洗液浸泡，由于洗液本身能与污物起化学反应故可将污物除去。通常是将温热的洗涤液装入被洗涤的器皿中浸泡数分钟，使其完全作用，油污就可以被清除掉了。

用洗液浸泡后的器皿，将洗涤液倾出后，用自来水冲洗干净，再用蒸馏水淋洗 3 次，便可用来作分析测定用。洗涤液可装回原容器中，反复使用，直至溶液变绿、酸度很稀时为止。

三、滴定仪器的校准

（一）容量仪器的误差范围

玻璃容量仪器标识的容积和真实的容积有微小差别。在仪器生产检验中，已经将这一差别控制在一定的允许范围内。

在工业分析中，即一般的控制分析中，使用二级品即可；对要求较高的标准溶液的标定、成品分析等，应使用一级品或者对仪器进行体积校正之后使用；对要求更高的仲裁分析或科学实验，其容量仪器必须进行校准后使用。

（二）容量仪器校准的方法

1. 绝对校准法（称量法）

绝对校准法是称取容量仪器某一刻度内放出或容纳纯水（蒸馏水）的质量。根据该温度下纯水的密度，将水的质量换算为体积值。此值与容量仪器刻度值相比较，得到仪器体积校正值。换算公式如下：

$$V_t = \frac{G_t}{d_t}$$

式中 V_t——在 t℃时水的体积，mL；

G_t——在空气中，t℃时，以黄铜砝码称得水的质量，g；

d_t——在空气中，t℃时，水的密度，g/mL。

体积的基本单位是 m^3、dm^3、cm^3。目前习惯上仍用“标准升”（L）。标准升是在 3.98℃真空中质量为 1kg 的纯水所占的容积，水在 3.98℃时的密度最大，等于 1kg/dm^3 或 1g/mL。

容量仪器在 3.98℃真空中校正比较困难，实际中都是在 20℃左右的空气中使用。因此，习惯上规定 20℃时为标准温度，但是在进行仪器校正时，不一定恰好是 20℃。因此，在任一温度下进行校正时，会有三方面的影响：（1）由于温度改变，水的密度也相应改变；（2）在空气中进行，由于空气对物体的浮力，在测量质量时有所改变；（3）由于温度改变，玻璃的热胀冷缩，致使仪器容积改变。故将以上三因素综合得一总校正值 γ，γ

值表示20℃时、容积为1mL的玻璃仪器在不同温度下用水将其充满，于空气中用黄铜砝码称得的质量，见表3-5。

利用表3-5，可以将各种温度下纯水质量换算出20℃时的体积，其计算式为：

$$V_{20}=\frac{G_t}{\gamma_t}$$

式中 V_{20}——G_t 的水在20℃的规定体积，mL；

G_t——t℃下，称得的容量仪器放出或装入的纯水的质量，g；

γ_t——t℃下，1mL水的体积换算值，g。

表3-5 不同温度下玻璃仪器体积换算值 γ

t/℃	γ/g	t/℃	γ/g	t/℃	γ/g	t/℃	γ/g
1	0.99824	11	0.99832	21	0.99700	31	0.99464
2	0.99834	12	0.99823	22	0.99680	32	0.99434
3	0.99839	13	0.99814	23	0.99660	33	0.99406
4	0.99844	14	0.99804	24	0.99638	34	0.99325
5	0.99848	15	0.99793	25	0.99617	35	0.99345
6	0.99850	16	0.99780	26	0.99593	36	0.99312
7	0.99850	17	0.99765	27	0.99569	37	0.99280
8	0.99848	18	0.99751	28	0.99544	38	0.99246
9	0.99844	19	0.99734	29	0.99518	39	0.99212
10	0.99839	20	0.99718	30	0.99491	40	0.99177

【例3-15】 在24℃时，某250mL容量瓶中所容纳的水为249.82g，计算该容量瓶在20℃时的容积。

解： 查表3-5得24℃时，$\gamma_{24}=0.99638$，

故
$$V_{20}=\frac{G_t}{\gamma_t}=\frac{249.82}{0.99638}=250.73(\text{mL})$$

校正值为250.73−250.00=0.73mL。

使用此容量瓶时，若稀释到刻度，容纳标准体积为250.73mL，容量仪器的容积是校准到20℃时的容积。但是仪器在使用的时候并不是在20℃下使用。由于温度改变，玻璃仪器的容积发生变化和溶液密度变化，而引起体积发生变化。玻璃仪器容积变化数值很小，可以将其忽略，但溶液体积变化不可忽略。稀溶液密度变化和水相近。为校准在其他温度下，所测得的溶液体积，表3-6列出在不同温度下1000mL水和稀溶液换算到20℃时其体积校正值。

表3-6 20℃时稀溶液体积校正值 (mL/L)

t/℃	0.1mol/L、0.01mol/L HCl/mL	0.1mol/L 溶液/mL	t/℃	0.1mol/L、0.01mol/L HCl/mL	0.1mol/L 溶液/mL
5	+1.5	+1.7	20	+0.0	+0.0
10	+1.3	+1.45	25	−1.0	−1.1
15	+0.8	+0.9	30	−2.3	−2.5

【例 3-16】 在 25℃时，滴定用去 28.05mL 0.1000mol/L 标准溶液，在 20℃时应为多少毫升？

解： 查表 3-6 得校正值为-1.1。

$$28.05-\frac{1.1\times28.05}{1000}=28.05-0.03=28.02(\text{mL})$$

（1）滴定管的校正。在洗净的滴定管中，装入蒸馏水至 0 刻度线稍上，停 30s 后，调至 0.00mL，并记下水温 t℃，取一洗净的称量瓶或磨口锥形瓶，容积应比滴定管的最大刻度标出的体积稍大些。用滤纸将外面擦干，称量为 G_1(g)，将滴定管的水向磨口锥形瓶以 15~20mL/min 的速度，放 V_1 mL 的水，滴定管滴尖上的溶液应靠壁于锥形瓶中，将锥形瓶加盖称量，得 G_2。

查表得 t℃时 γ_t 值，放出纯水量为 $G_2-G_1=\Delta G$

水的真实体积 $$V_{20}=\frac{G_2-G_1}{\gamma_t}=\frac{\Delta G}{\gamma_t}$$

校正值 $$\Delta V=V_{20}-V_1$$

【例 3-17】 25℃时，滴定管放出 10.05mL，其质量为 10.04g，求放出水的体积。

解： 25℃时，$\gamma_{25}=0.99617$

$$V_{20}=\frac{10.04}{0.99617}=10.08(\text{mL})$$

$$\Delta V=V_{20}-V_1=10.08-10.05=0.03(\text{mL})$$

一般同一点重复两次，同时均匀取点测定，一般取点列于表 3-7。

表 3-7 滴定管校正时取点分布

容量/mL	校定点				
25	0~5	0~10	0~15	0~20	0~25
50	0~10	0~20	0~30	0~40	0~50
100	0~20	0~40	0~60	0~80	0~100

实际操作中，可连续测定各点，现将 25℃时校准一支滴定管的实验数据列于表 3-8 中。

表 3-8 滴定管的校正（水温 25℃，γ=0.9962g）

滴定管读数	读数的容积/mL	瓶与水的质量/g	水重/g	实际容积/mL	校正值/mL	总校正值/mL
0.03	—	29.20（空瓶）	—	—	—	—
10.13	10.10	39.28	10.08	10.12	+0.02	+0.02
20.11	9.98	49.19	9.91	9.91	-0.03	-0.01
30.18	10.07	59.27	10.08	10.12	+0.05	+0.04
40.20	10.02	69.24	9.97	9.97	-0.01	+0.03
49.99	9.79	78.95	9.71	9.71	-0.04	-0.01

（2）吸量管的校准。吸量管与滴定管的校准方法相同。大肚移液管只校正总容积

即可。

（3）容量瓶的校准。由于容量瓶测定的是量入体积，因此，校正时，必须测定量入质量后再求其体积。方法是先将干燥的容量瓶称量得 G_1，注入蒸馏水至刻度标线，记录水温 t℃，用滤纸吸干颈内壁标线以上的水滴，擦干外面的水滴，称量得 G_2，则 G_2-G_1 为容量瓶容积的水质量。按水温表 3-5 查得 γ_t 值，真实体积 V_{20} 为：

$$V_{20}=\frac{G_2-G_1}{\gamma_t}=\frac{\Delta G}{\gamma_t}$$

$$\Delta V=V_t-V_{标示}$$

可进行重新刻度给予校准。

2. 相对校准法

由于移液管和容量瓶在制样和稀释时，总是配套使用的。因此，在实际应用中，不一定要知道它们的准确容积。而是要求二者之间成一定的比例关系。例如 25mL 浓度为溶液准确稀释至 250mL，其比例为 1∶10 即可。因此，将 25mL 移液管吸取蒸馏水 10 次，放入干净的 250mL 的容量瓶中，然后观察其颈部液面弯月面下缘，是否正好和标线相切。正好相切说明其比例关系正好为 1∶10，若不一致，则可以根据液面重新刻度。

在分析中，滴定管采用绝对校准法。配套使用的移液管和容量瓶可采用相对校准法。作取样直接滴定的移液管必须采用绝对校准法。

绝对校准法较准确、互换性好，但操作比较麻烦；相对校准法操作简单，但必须配套使用。

单元小结

一、滴定分析

滴定分析是通过下列程序来完成的：

$$试样(G)\xrightarrow{溶解}试液\xrightarrow{标准滴定溶液(c)，用量(V)}滴定终点$$

二、滴定分析的分类

滴定分析的分类根据所依据的化学反应可分为酸碱滴定法、氧化还原滴定法、配位滴定法、沉淀滴定法等四类，按滴定方式的不同可分为直接滴定法、返滴定法、置换滴定法、间接滴定法等。

三、滴定分析的计算（见表 3-1）

四、标准滴定溶液

（1）用基准物质直接配制，基准物质应具备的条件是：纯度高、组成固定、性质稳定、摩尔质量大。

（2）配制所需近似浓度的溶液，用基准物质“标定”或用另一种标准滴定溶液“比较”，有时并用。

五、滴定分析的一般仪器

滴定管、移液管和吸量管、容量瓶的基本操作。

单元习题

1. 欲配制 1L $c_{HCl}=0.1000$mol/L，试问用密度为 1.19g/mL 的浓盐酸的体积为多少？

2. 1L 饱和的氢氧化钠溶液中 NaOH 的物质的量是多少？（饱和氢氧化钠溶液含量为 52%，密度为 1.56g/mL）

3. 计算下列物质的量浓度。

（1）30g $K_2Cr_2O_7$ 溶解在 1L 蒸馏水中，求 $c\left(\frac{1}{6}K_2Cr_2O_7\right)$。

（2）61g NaOH 溶解在 15L 蒸馏水中，求 $c(NaOH)$。

（3）60g $BaCl_2$ 溶解在 5L 蒸馏水中，求 $c\left(\frac{1}{2}BaCl_2\right)$。

4. 滴定 NaOH 25.04L，用去 0.1006mol/L 的 HCl 溶液 24.98mL，求 $c(NaOH)$。

5. 制备硫酸标准溶液 18L，标定后浓度 $c\left(\frac{1}{2}H_2SO_4\right)=0.1035$mol/L，欲调整 $c\left(\frac{1}{2}H_2SO_4\right)=0.1000$mol/L，问需加蒸馏水多少毫升？

6. 现有 4.8L $c\left(\frac{1}{5}KMnO_4\right)=0.0982$mol/L，现欲将其调整为 $c\left(\frac{1}{5}KMnO_4\right)=0.1000$mol/L，问应加入 $c\left(\frac{1}{5}KMnO_4\right)=0.5000$mol/L 的 $KMnO_4$ 溶液多少毫升？

7. 称取基准碳酸钠 0.1562g，用 0.1mol/L 的 HCl 溶液滴定到终点，用去 26.10mL，求此 HCl 标准溶液的浓度（mol/L）。

8. 取试样 NaCl 0.4250g，用 0.1000mol/L 的 $AgNO_3$ 溶液滴定至终点用去 33.82mL，求 NaCl 的含量。

第四单元　酸碱滴定法

【单元导读】

酸碱滴定法是以酸碱中和反应为基础的滴定方法，是滴定分析中的一种重要分析方法，广泛应用于测定酸、碱及能与酸、碱发生反应的物质。酸碱中和反应简单、迅速，并且能按一定反应式定量进行，目前已有多种方法指示等量点，因此，酸碱滴定法应用最为广泛。

【知识目标】

掌握：（1）酸碱指示剂变色的原理、变色范围、理论变色点；
（2）滴定曲线、滴定突跃的概念；
（3）选择指示剂的依据；
（4）影响突跃范围的因素；
（5）酸碱滴定的可行性判断（一元弱酸碱和多元酸碱的滴定）；
（6）常用酸碱标准溶液的配制与标定。

理解：（1）影响指示剂变色范围的因素；
（2）混合指示剂，滴定曲线的绘制，酸碱滴定法的应用。

【能力目标】

（1）能利用酸碱滴定的有关计算，解决实际问题；
（2）会配制一定浓度的标准溶液并标定。

第一节　概　　述

酸碱滴定法是利用酸碱中和反应来进行滴定分析的方法，因此也称中和滴定法。其反应实质是 H^+ 与 OH^- 中和生成难以电离的水。

$$H^+ + OH^- \rightleftharpoons H_2O$$

酸碱中和反应有以下特点：反应度率快，瞬间即可完成；反应过程简单；有很多指示剂可供选用以确定滴定终点。酸碱中和反应的这些特点都符合滴定分析对反应的要求。一般的酸、碱及能与酸、碱直接或间接发生反应的物质，几乎都能用酸碱滴定法进行测定。因此，许多化工产品的检验，包括生产中的控制分析，都广泛使用酸碱滴定。

一、酸的浓度和酸度

酸的浓度和酸度是不相同的两个概念。酸的浓度又叫酸分析浓度，它是指某种酸的物质的量浓度，即酸的总浓度，包括溶液中未离解酸的浓度和已离解酸的浓度。

酸度则是指溶液中氢离子的浓度，通常用 pH 表示，即

$$pH = -\lg[H^+]$$

在水溶液中，强酸和强碱能完全电离为相应的阳离子和阴离子。因此，由强酸或强碱溶液的浓度 c 可直接得出 $[H^+]$ 或 $[OH^-]$。

弱酸和弱碱，其浓度 c 是溶液中已离解酸和未离解酸浓度之和，例如 HAc 溶液的浓度为 c，在离解达到平衡时：

$$HAc \rightleftharpoons H^+ + Ac^-$$

平衡浓度： $[HAc]$、$[H^+]$、$[Ac^-]$

溶液浓度（分析浓度）c：

$$c = [HAc] + [H^+] = [HAc] + [Ac^-]$$

HAc 溶液的酸度则为 HAc 离解平衡时的 $[H^+]$。

同样，碱的浓度和碱度也是不同的两个概念。碱度通常用 pOH 表示，对于水溶液（25℃）：

$$pH + pOH = 14.0$$

本书中我们采用字母 c_a、c_b 表示酸或碱的分析浓度，c_s 表示盐的分析浓度，用方括号 [ ] 表示电离后某种组分的平衡浓度。如用 $[H^+]$ 和 $[OH^-]$ 表示溶液中 H^+和 OH^-的平衡浓度。浓度单位均为 mol/L，K_a、K_b 表示酸或碱的离解常数。一些常见弱酸、弱酸的离解常数见附表 1。

二、水溶液中氢离子浓度的计算

（1）强酸、强碱溶液。

一元强酸，如 HCl $\quad pH = -\lg[H^+] = -\lg c_a \quad$ （4-1）

一元强碱，如 NaOH $\quad pOH = -\lg[OH^-] = -\lg c_b \quad$ （4-2）

（2）弱酸弱碱。

一元弱酸，如 HAc，$c_a/K_a \geqslant 500$ 时：

$$[H^+] = \sqrt{K_a c_a} \quad (4-3)$$

一元弱碱，如 NH_3，$c_b/K_b \geqslant 500$ 时：

$$[OH^-] = \sqrt{K_b c_b} \quad (4-4)$$

二元弱酸，如 $H_2C_2O_4$，$c_a/K_{a_1} \geqslant 500$ 时：

$$[H^+] = \sqrt{K_{a_1} c_a} \quad (4-5)$$

多元弱酸（碱）在水溶液中分步逐级离解，一般以第一级为主，$[H^+]$ 或 $[OH^-]$ 的浓度可以按一元弱酸（碱）来计算。

（3）水解性盐溶液。

强碱弱酸盐，如 $\quad NaAc \; [OH^-] = \sqrt{\frac{K_W}{K_a} c_s} \quad$ （4-6）

强酸弱碱盐，如 $\quad NH_4Cl \; [H^+] = \sqrt{\frac{K_W}{K_b} c_s} \quad$ （4-7）

弱酸弱碱盐，如　　$NH_4Ac[H^+] = \sqrt{K_W \frac{K_a}{K_b}}$　　(4-8)

二元弱碱强碱盐，如　　$Na_2CO_3[OH^-] = \sqrt{\frac{K_W}{K_{a_2}} c_s}$　　(4-9)

酸式盐，如　　$NaHCO_3[H^+] = \sqrt{K_{a_1} K_{a_2}}$　　(4-10)

$NaH_2PO_4[H^+] = \sqrt{K_{a_1} K_{a_2}}$　　(4-11)

$Na_2HPO_4[H^+] = \sqrt{K_{a_1} K_{a_3}}$　　(4-12)

第二节　缓冲溶液

在分析化学中，某些滴定反应要求在一定的酸度范围内才能定量进行。将具有调节和控制溶液酸度作用的溶液，称为缓冲溶液。由于缓冲溶液的加入，在反应生成或加入少量的强酸或强碱后，也能够保持溶液的 pH 基本不变，因此缓冲溶液有稳定溶液酸度的作用。

缓冲溶液一般由浓度较大的弱酸及其盐或弱碱及其盐组成，如 HAc-NaAc、NH_3-NH_4Cl 等。高浓度的强酸或强碱溶液，其 H^+ 或 OH^- 浓度较大，外加的少量酸或碱也不会产生太大的影响。在这种情况下，强酸（pH<2）、强碱（pH>12）也可作为缓冲溶液。另外，有些酸式盐也可制成缓冲溶液，如 Na_2HPO_4+NaH_2PO_4。

普通缓冲溶液主要用于控制溶液酸度，其主要由浓度较大的弱酸及其共轭碱、弱碱及其共轭酸组成。

标准缓冲溶液是用作测量 pH 的参比标准缓冲溶液，由一些逐级离解常数相差较小的两性化合物组成。

一、缓冲溶液作用原理

以 HAc-NaAc 缓冲体系为例说明其作用原理。HAc-NaAc 在溶液中按下式离解：

$$HAc \rightleftharpoons H^+ + Ac^-$$

$$NaAc \longrightarrow Na^+ + Ac^-$$

向此溶液中加入少量强酸时，其 H^+ 与 NaAc 离解出来的 Ac^- 结合成难离解的 HAc，平衡向左移动，溶液中［H^+］增加不多，pH 变化很小。当向此溶液中加入少量强碱时，其 OH^- 与 HAc 离解出来的 H^+ 结合生成 H_2O，使 HAc 继续离解，平衡向右移动，溶液中［H^+］降低不多，pH 变化也很小。如果将溶液适当稀释，HAc 和 NaAc 的浓度都相应降低，使得 HAc 的离解度增大，［H^+］或 pH 变化仍然很小。

二、缓冲溶液的 pH 计算

配制缓冲溶液时，既可以查阅有关手册按配方配制，还可以通过相关计算后进行配制。

现以 HAc-NaAc 缓冲溶液为例，计算溶液的 pH。设 HAc 及 NaAc 的浓度分别为 c_a 及 c_s，两者在溶液中离解如下：

$$NaAc \longrightarrow Na + Ac^-$$

$$HAc \rightleftharpoons H^+ + Ac^-$$

$$[H^+] = K_a \frac{[HAc]}{[Ac^-]}$$

由于 NaAc 的 Ac^-同离子效应，使 HAc 的离解平衡向左移动，离解度更小，$[HAc] \approx c_a$，$[Ac^-] \approx c_s$。因此：

$$[H^+] = K_a \frac{c_a}{c_s}$$

$$pH = pK_a - \lg \frac{c_a}{c_s} \qquad (4-13)$$

对于弱碱及其盐组成的缓冲溶液，其［OH^-］及 pH 计算公式如下：

$$[OH^-] = K_b \frac{c_b}{c_s}$$

$$pH = 14 - pK_b + \lg \frac{c_b}{c_s} \qquad (4-14)$$

由两性化合物组成的缓冲溶液，其 H^+浓度由下式计算：

$$[H^+] = \sqrt{K_{a_1} \cdot K_{a_2}}$$

$$pH = \frac{1}{2}pK_{a_1} + \frac{1}{2}pK_{a_2} \qquad (4-15)$$

【例 4-1】 计算由 0.100mol/L HAc 和 0.100mol/L NaAc 组成的缓冲溶液的 pH。若在此溶液中加入 HCl 或 NaOH 达 0.100mol/L 时，溶液 pH 变化多少？

解： 缓冲溶液的 pH：

$$pH = -\lg(1.8 \times 10^{-5}) - \lg \frac{0.100}{0.100} = 4.74$$

若加入 HCl 达 0.001mol/L 时，

$$c_a = 0.100 + 0.001 = 0.101$$

$$c_s = 0.100 - 0.001 = 0.099$$

$$pH = 4.74 - \lg \frac{0.101}{0.099} = 4.73$$

若加入 NaOH 达 0.001mol/L 时

$$c_a = 0.100 - 0.001 = 0.099$$

$$c_s = 0.100 + 0.001 = 0.101$$

$$pH = 4.74 - \lg \frac{0.099}{0.101} = 4.75$$

由计算式及实例看出：缓冲溶液的 pH 与组成缓冲溶液的弱酸或弱碱的离解常数（pK_a 或 pK_b）有关，也与弱酸及其盐或弱碱及其盐的浓度比（c_a/c_s 或 c_b/c_s）有关。当浓度比等于 1 时，缓冲能力最大，因此缓冲溶液的有效范围为 $pH = pK_a \pm 1$ 或 $pOH = pK_b \pm 1$。缓冲溶液的 pH 主要由 pK_a 或 pK_b 决定。

对于同一种缓冲溶液，pK_a 或 pK_b 为常数，溶液的 pH 随溶液的浓度比而改变。因此适当改变浓度比值，可以在一定范围内配制不同 pH 的缓冲溶液。

三、缓冲容量和缓冲范围

（一）缓冲容量

缓冲溶液的缓冲作用有一定的限度。每一种缓冲溶液只具有一定的缓冲能力，用缓冲容量来衡量缓冲溶液缓冲能力的大小。缓冲容量是指使 1L 缓冲溶液的 pH 增加或减少 1 个单位时所需要加入强碱或强酸的物质的量。所需加入量越大，溶液的缓冲能力越大。

缓冲容量的大小与缓冲溶液的总浓度及其组分之间的比值有关。缓冲溶液的浓度越大，其缓冲容量也越大。缓冲溶液的总浓度一定，各组分的比值等于 1 时，缓冲容量最大，缓冲能力最强。通常，将两组分的浓度比控制在 0.1~10 之间最为合适。

（二）缓冲范围

缓冲溶液都有一定的作用范围，缓冲溶液所能控制的 pH 的范围称为该缓冲溶液的有效作用范围，即缓冲范围。这个范围一般在 pK_a 值两侧各一个 pH 单位，即

$$pH = pK_a \pm 1$$

对于碱式缓冲剂，则为

$$pH = 14 - (pK_b \pm 1)$$

例如 HAc－NaAc 缓冲溶液，$pK_a = 4.74$，缓冲范围为 $pH = 4.74 \pm 1$，即 3.74~5.74。NH_3－NH_4Cl 缓冲溶液，其 $pK_b = 4.74$，缓冲范围为 pH＝8.26~10.26。

四、缓冲溶液的选择和配制

（一）缓冲溶液的选择原则

在选用缓冲溶液时，应考虑以下几点：

（1）缓冲溶液需对分析过程没有干扰；

（2）缓冲溶液的 pH 应在要求控制的酸度范围内；

（3）缓冲溶液应有足够的缓冲容量。

为此，选择缓冲体系的酸（碱）的 pK_a（pK_b）应等于或接近要求控制的 pH；缓冲组分的浓度要大些（一般在 0.1~1mol/L 之间）；实际应用中，使用的缓冲溶液可在缓冲容量允许的情况下适当稀一点，目的是既节省药品，又可避免引入过多的杂质而影响测定。一般要求缓冲组分的浓度控制在 0.05~0.5mol/L 之间，组分浓度比接近 1 较为合适。

例如，需要 pH＝5.0 左右的缓冲溶液时，可选择 HAc－NaAc 缓冲体系，因为 HAc 的 $pK_a = 4.74$，接近所需要的 pH。当需要 pH＝9.5 左右的缓冲溶液时，可选择 NH_3－NH_4Cl 体系，当需要保持溶液 pH＝0~2 或 pH＝12~14 时，可用强酸或强碱控制溶液的酸度。

上述类型的缓冲体系中，都只有一个 K_a（或 K_b）值在起作用，缓冲范围比较窄。而由多元酸或多元碱组成的缓冲体系，有多个 K_a 或 K_b 值，可以在比较广泛 pH 范围内起作用。例如，柠檬酸（$pK_{a_1} = 3.13$，$pK_{a_2} = 4.76$，$pK_{a_3} = 6.40$）和磷酸氢二钠（H_3PO_4 的 $pK_{a_1} = 2.12$，$pK_{a_2} = 7.20$，$pK_{a_3} = 12.36$）两种溶液以不同比例混合，可得到 pH＝2.0~8.0 的一系列缓冲溶液。

（二）缓冲溶液的配制

（1）一般缓冲溶液。一般情况下使用的缓冲溶液由弱酸及其盐、弱碱及其盐或不同浓度的酸式盐组成。这类缓冲溶液，可根据要求利用有关计算式计算各组分的用量，也可以在分析化学手册中直接查找配制方法。几种常用缓冲溶液见表 4-1。

（2）标准缓冲溶液。标准缓冲溶液的 pH 是在一定温度下实验测得的 H^+ 活度的负对数。几种常用的标准缓冲溶液列于表 4-2 中。

表 4-1 常用的缓冲溶液

缓冲溶液	酸的存在形式	碱的存在形式	pK_a
氨基乙酸-HCl	$^+NH_3CH_2COOH$	$^+NH_3CH_2COO^-$	2.35
苯二甲酸氢钾-HCl	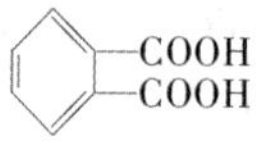	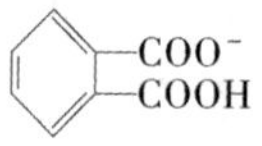	2.95
HAc-NaAc	HAc	Ac^-	4.74
六亚甲基四胺-HCl	$(CH_2)_6N_4H^+$	$(CH_2)_6N_4$	5.15
$NaH_2PO_4-Na_2HPO_4$	$H_2PO_4^-$	$H_2P_4^{2-}$	7.21
$Na_2B_4O_7-HCl$	H_3BO_3	$H_3BO_3^-$	9.24
NH_3-NH_4Cl	NH_4^+	NH_3	9.25
$NaHCO_3-Na_2CO_3$	HCO_3^-	CO_3^{2-}	10.32

表 4-2 几种标准缓冲溶液

标准缓冲溶液	pH（23℃实验值）①
饱和酒石酸氢钾（0.034mol/L）	3.56
0.05mol/L 邻苯二甲酸氢钾	4.01
0.025mol/L KH_2PO_4-0.025mol/L Na_2HPO_4	6.86
0.01mol/L 硼砂	9.18

①用活度计算时可得此值。

第三节 酸碱指示剂

一、指示剂的变色原理

酸碱滴定分析中，常用酸碱指示剂来指示滴定终点。酸碱指示剂是一类结构复杂的有机弱酸或有机弱碱，在溶液中能部分电离，当溶液的 pH 值发生变化时，其结构发生变化，因而会呈现不同的颜色。现以酚酞为例说明指示剂的变色原理。

酚酞是一种有机弱酸，电离常数 $K_a=6\times10^{-10}$，在酸性溶液中，酚酞主要呈现酸式色，溶液无色；在碱性溶液中，酚酞主要呈现碱式色，溶液显红色。用 HIn 代表指示剂的酸式色成分，In^-代表指示剂的碱式色成分，其关系为：

$$\underset{\substack{(\text{酸式色})\\ \text{无色}}}{HIn} \rightleftharpoons H^+ + \underset{\substack{(\text{碱式色})\\ \text{红色}}}{In^-}$$

如向溶液中加酸，平衡向左移动，酚酞主要以酸式结构存在，溶液无色；向溶液中加碱，平衡向右移动，酚酞主要以碱式结构存在，溶液呈红色。由此可见，酸碱指示剂变色与溶液的 pH 值有关，即溶液的 pH 值改变，指示剂的结构就改变，从而导致指示剂的颜色发生变化。

二、指示剂的变色范围

指示剂变色与溶液的 pH 值有关，那么指示剂在什么 pH 值变色，这对于酸碱滴定分析十分重要。知道了指示剂变色的 pH 值条件，才能用它指示滴定终点。下面以弱酸型指示剂为例来讨论指示剂变色与溶液 pH 值的关系。

弱酸型指示剂在溶液中的电离平衡可用下式表示：

$$\underset{(酸式色)}{HIn} \rightleftharpoons H^+ + \underset{(碱式色)}{In^-}$$

平衡时有：

$$K_{HIn} = \frac{[H^+][In^-]}{[HIn]}$$

K_{HIn}为指示剂的电离平衡常数，简称指示剂常数，在一定温度下是一个定值：

$$[H^+] = K_{HIn}\frac{[HIn]}{[In^-]}$$

两边取负对数，得

$$pH = pK_{HIn} + \lg\frac{[In^-]}{[HIn]}$$

指示剂呈现的颜色取决于 $[HIn]/[In^-]$ 的值，而 $[HIn]/[In^-]$ 的大小是由 K_{HIn}与溶液中的 pH 值决定的。K_{HIn}在一定温度下是一个常数，所以指示剂的颜色只随溶液 pH 值的变化而改变。但并不是溶液的 pH 值稍有改变就能观察到溶液颜色改变。在溶液中，指示剂的两种颜色同时存在，人的肉眼只有在一种颜色的浓度是另一种颜色的 10 倍或 10 倍以上时，才能观察出其中浓度较大的那种颜色。即：

当 $[HIn]/[In^-] \geqslant 10$，即 $pH \leqslant pK_{HIn}-1$ 时看到碱式色。

当 $[HIn]/[In^-] \leqslant 1/10$，即 $pH \geqslant pK_{HIn}+1$ 时看到酸式色。

由此可见，只有当溶液的 pH 值由 $pK_{HIn}-1$ 变化到 $pK_{HIn}+1$，才能观察到指示剂颜色的改变。把指示剂颜色变化时的 pH 值范围，即 $pH = pK_{HIn} \pm 1$ 称为指示剂的变色范围。

当 $[HIn]/[In^-] = 1$，即 $[HIn] = [In^-]$ 时，$[H^+] = K_{HIn}$，$pH = pK_{HIn}$。此时观察到的是指示剂的酸式色与碱式色的混合色，这时的 pH 值称为指示剂的理论变色点。

指示剂的理论变色范围一般约是两个 pH 单位，即变色范围为 $pH = pK_{HIn} \pm 1$，实际变色范围是根据实验测得的，并不都是两个 pH 单位。这是由于人的眼睛对混合色调中两种颜色的敏感程度不同造成的。例如：甲基橙 $pK_{HIn} = 3.4$，理论变色范围应为 2.4~4.4，但实际测得变色范围是 3.1~4.4，这是人的肉眼辨别红色比黄色更敏感造成的。

不同指示剂 pK_{HIn}，它们的变色范围就不同，见表 4-3。

表 4-3 常用酸碱指示剂

指示剂	变色范围 pH	颜色		pK_{HIn}	浓度	用量/滴（每 10mL 试液）
		酸色	碱色			
百里酚蓝（第一次变色）	1.2~2.8	红	黄	1.65	1g/L 酒精溶液	1~2
甲基黄	2.9~4.0	红	黄	3.25	1g/L 的 90%酒精溶液	1
甲基橙	3.1~4.4	红	黄	3.45	1g/L 水溶液	1
溴酚蓝	3.0~4.6	黄	紫	4.1	0.41g/L 酒精溶液或其钠盐的水溶液	1
溴甲酚绿	3.8~5.4	黄	蓝	4.9	1g/L 酒精溶液或 1g/L 水溶液加 0.05mol/L NaOH 2.9mL	1~3
甲基红	4.4~6.2	红	黄	5.0	1g/L 酒精溶液或其钠盐的水溶液	1
溴百里酚蓝	6.2~7.6	黄	蓝	7.3	1g/L 的 20%酒精溶液或其钠盐的水溶液	1
中性红	6.8~8.0	红	黄橙	7.4	1g/L 的 60%酒精溶液	1
酚红	6.8~8.0	黄	红	8.0	1g/L 的 60%酒精溶液或其钠盐的水溶液	1~3
酚酞	8.0~10.0	无	红	9.1	10g/L 酒精溶液	1~3
百里酚酞	9.4~10.6	无	蓝	10.0	1g/L 酒精溶液	1~2

三、影响指示剂变色范围的因素

（1）温度。由于指示剂变色范围与 K_{HIn} 有关，而 K_{HIn} 与温度有关，所以指示剂的变色范围与温度有关。例如在 18℃时，甲基橙的变色范围为 3.1~4.4，而在 100℃时，则变为 2.5~3.7。一般酸碱滴定均在室温下进行。

（2）溶剂指示剂。在不同溶剂中，pK_{HIn} 值不同，因此指示剂的变色范围也与溶剂有关。例如：甲基橙在水溶液中 $pK_{HIn}=3.4$，而在甲醇中 $pK_{HIn}=3.8$。

（3）指示剂的用量。指示剂的用量不宜过多，否则溶液颜色较深，变色不敏锐。并且，指示剂是弱碱或弱酸，如果用量多，消耗标准溶液多，带来的误差也比较大。但指示剂用量也不能过少，如果用量过少，则不易观察颜色的变化。一般在 25mL 被测溶液中加入 1~2 滴指示剂较为适宜。

（4）滴定程序。肉眼观察显色比观察褪色容易，观察深色比观察浅色容易，因此，用碱滴定酸时常用酚酞作指示剂，滴定终点时溶液由无色变为粉红色，颜色变化明显，易于辨别；反之则不明显，滴定剂易过量。用酸滴定碱时常用甲基橙作指示剂，滴定终点时溶液由黄色变为橙色，颜色变化较明显。

四、混合指示剂

为达到一定的准确度，在某些酸碱滴定中，需要把滴定终点限制在很窄的 pH 范围内。有时单一指示剂难以达到要求，这时需采用混合指示剂。混合指示剂具有变色范围窄、变色敏锐等特点。通常使用两种方法配制混合指示剂，一种是由两种或两种以上的指示剂混合而成。例如，溴甲酚绿和甲基红，在 pH=5.1 时，甲基红呈现的橙色和溴甲酚绿呈现的绿色互为补色而呈现灰色，这时颜色突变，变色十分敏锐。单一的甲基橙由黄色变到红色，变色点为中间色橙色，难于辨别，而混合指示剂由绿色变到紫色，中间色是几乎无色的浅灰色，而且绿色与紫色明显不同，变色非常敏锐，容易辨别。另一种是在某种指示剂中加入一种不随 pH 变化的惰性染料。例如，甲基橙中加入靛蓝，组成混合指示剂。滴定过程中靛蓝不变色，只作甲基橙的蓝色背景。该混合指示剂随 H^+ 浓度变化会发生如下的颜色变化：

溶液的酸度	甲基橙	甲基橙+湛蓝二磺酸钠
pH≥4.4	黄色	绿色
pH=4.0	橙色	浅灰色
pH≤3.1	红色	紫色

常用的混合指示剂列于表 4-4。

表 4-4 常用混合指示剂

指示剂组成	配置比例	变色点	颜色		备注
			酸色	碱色	
1g/L 甲基黄溶液 1g/L 亚甲基蓝酒精溶液	1+1	3.25	蓝紫	绿	pH=3.4 绿色 pH=3.2 蓝紫色
1g/L 甲基橙水溶液 2.51g/L 湛蓝二磺酸水溶液	1+1	4.1	紫	黄绿	
1g/L 溴甲酚绿酒精溶液 21g/L 甲基红酒精溶液	3+1	5.1	酒红	绿	
1g/L 甲基红酒精溶液 1g/L 亚甲基蓝酒精溶液	2+1	5.4	红紫	绿	pH=5.2 红紫 pH=5.4 暗蓝 pH=5.6 绿
1g/L 溴甲酚绿钠盐水溶液 1g/L 氯酚红钠盐水溶液	1+1	6.1	黄绿	蓝绿	pH=5.4 蓝绿 pH=5.8 蓝 pH=6.0 蓝带紫 pH=6.2 蓝紫
1g/L 中性红酒精溶液 1g/L 亚甲基蓝酒精溶液	1+1	7.0	蓝紫	绿	pH=7.0 紫蓝
1g/L 甲酚红钠盐水溶液 1g/L 百里酚蓝钠盐水溶液	1+3	8.3	黄	紫	pH=8.2 玫瑰色 pH=8.4 紫色
1g/L 百里酚蓝 50%酒精溶液 1g/L 酚酞 50%酒精溶液	1+3	9.0	黄	紫	从黄到绿再到紫
1g/L 百里酚蓝酒精溶液 1g/L 茜素黄酒精溶液	2+1	10.2	黄	紫	

第四节 酸碱滴定基本原理

酸碱滴定过程中，溶液的酸度随滴定剂的加入而发生变化，溶液的 pH 值随滴定剂的加入而变化的曲线称为滴定曲线。如何选择指示达到化学计量点的指示剂，必须了解滴定过程中溶液的 pH 值的变化情况。下面按不同的反应类型分别讨论。

一、强酸（碱）的滴定

（一）滴定曲线

滴定曲线中的横坐标为标准溶液加入的量，纵坐标为对应溶液的 pH 值。

强碱与强酸滴定的基本反应：

$$H^+ + OH^- \xlongequal{\quad} H_2O$$

现以强碱 NaOH 滴定强酸 HCl 为例，来看滴定过程中溶液 pH 值的变化。设 HCl 的浓度为 $c_a=0.1000\text{mol/L}$，体积为 $V_a=20.00\text{mL}$；NaOH 的浓度为 $c_b=0.1000\text{mol/L}$，滴定时加入的体积为 V_b(mL)，整个滴定过程分为四个阶段。

（1）滴定开始前。溶液的组成为 HCl(0.1000mol/L，20.00mL)，溶液的 pH 值由 HCl 的原始浓度决定。

$$[H^+] = 0.1000\text{mol/L},\ pH = 1.00$$

（2）滴定至化学计量数前。随着 NaOH 溶液的加入，溶液中 H^+浓度减小，溶液的 pH 值由多余 HCl 的浓度决定。此时：

$$[H^+] = c_a\frac{V_a - V_b}{V_a + V_b}$$

【例 4-2】 滴入 NaOH 标准溶液 $V_b=18.00\text{mL}$ 时，有

$$[H^+] = 0.100 \times \frac{20.00 - 18.00}{20.00 + 18.00} = 5.26 \times 10^{-3}\text{mol/L},\ pH = 2.30$$

滴入 NaOH 标准溶液 19.80mL 时，溶液中 99.00% 的酸被中和，剩余 HCl $V_a-V_b=0.20\text{mL}$ 时，溶液总体积增至 $V_a+V_b=20.00\text{mL}+19.80\text{mL}$ 时，有

$$[H^+] = 0.100 \times \frac{20.00 - 19.80}{20.00 + 19.80} = 5.03 \times 10^{-4}\text{mol/L},\ pH = 3.30$$

滴入 NaOH 标准溶液 19.98mL 时，在溶液中 99.90% 的酸被中和，剩余 HCl $V_a-V_b=0.02\text{mL}$ 时（化学计量点前 0.1%），溶液总体积增至 $V_a+V_b=20.00\text{mL}+19.98\text{mL}$ 时，有

$$[H^+] = 0.100 \times \frac{20.00 - 19.98}{20.00 + 19.98} = 5.00 \times 10^{-5}\text{mol/L},\ pH = 4.30$$

（3）滴定至化学计量点时。滴入 NaOH 标准溶液 20.00mL 时，溶液组成为 NaCl。此时 NaOH 和 HCl 以等物质的量作用，溶液呈中性。

$$[H^+] = [OH^-] = 1.0 \times 10^{-7}\text{mol/L},\ pH = 7.00$$

（4）滴定至化学计量点后。溶液组成为 NaCl+NaOH，$V_a<V_b$，溶液的 pH 值由多余的 NaOH 浓度决定。此时：

$$[OH^-] = c_b \frac{V_b - V_a}{V_b + V_a}$$

【例 4-3】 滴入 NaOH 标准溶液 20.02mL，过量 NaOH $V_b - V_a = 0.02$mL（化学计量点后 0.1%），溶液总体积增至 $V_a + V_b = 20.00$mL+20.02mL 时：

$$[OH^-] = 0.1000 \times \frac{20.02 - 20.00}{20.02 + 20.00} = 5.00 \times 10^{-5} mol/L$$

$$pOH = 4.30,\ pH = 9.70$$

用上述方法计算出滴定过程中溶液的 pH 值，列于表 4-5 中。

表 4-5 0.1000mol/L NaOH 滴定 0.1000mol/L HCl 溶液 pH 值变化

加入 NaOH 量		过量 NaOH/mL	$[H^+]$ /mol · L^{-1}	pH 值
%	mL			
0.00	0.00		1.00×10^{-1}	1.00
90.00	18.00		5.26×10^{-3}	2.28
99.00	19.80		5.02×10^{-4}	3.30
99.80	19.96		1.00×10^{-4}	4.00
99.90	19.98		5.00×10^{-5}	4.30
100.0	20.00		1.00×10^{-7}	7.00
100.1	20.02	0.02	2.00×10^{-10}	9.70
100.2	20.04	0.04	1.00×10^{-10}	10.00
101.0	20.20	0.20	2.00×10^{-11}	10.70
110.0	22.00	2.00	2.10×10^{-12}	11.70
200.0	40.00	20.00	3.00×10^{-13}	12.50

以 NaOH 的加入量为横坐标，溶液的 pH 值为纵坐标，可描绘出滴定曲线，如图 4-1 所示。

从表 4-5 和图 4-1 可以看出：（1）滴定开始到加入 19.98mL 的 NaOH 溶液（99.90% 的酸被滴定），溶液的 pH 值从 1.00 增大到 4.30，仅改变了 3.3 个 pH 值单位，pH 值变化曲线较平坦。（2）当加入的 NaOH 从 19.98mL 增加到 20.02mL，共加入了 0.04mL（约 1 滴）NaOH 溶液时，相当于化学计量点前后±0.1%的范围内，pH 值由 4.30 增加到 9.70，改变了 5.40 个 pH 值单位，溶液由酸性突变到碱性。在化学计量点附近的这种 pH 值的突变，称为滴定突跃，突跃所在的 pH 范围称为滴定突跃范围。（3）在化学计量点时 pH=7.00，在突跃范围中间。（4）突跃后继续加入 NaOH 溶液，溶液 pH 值的变化又会比较缓慢，曲线后段又较为平坦。如果用强酸滴定强碱，则滴定曲线与图 4-1 的曲线对称，pH 值变化方向相反。

（二）指示剂的选择

滴定突跃范围是选择指示剂的重要依据，凡是变色范围全部或一部分在滴定突跃范围内的指示剂，都能用来指示滴定终点。图 4-1 中滴定突跃范围为 4.30~9.70，强碱滴定强酸可选用酚酞、甲基红、甲基橙等作为指示剂。

（三）突跃范围与浓度的关系

为了验证突跃范围大小与浓度的关系，分别用 1.000mol/L、0.1000mol/L、0.01000mol/L 三种浓度的 NaOH 溶液滴定相同浓度的 HCl 溶液时，它们的突跃范围分别为 3.3~10.70、4.30~9.70、5.30~8.70（图 4-2）。可见溶液越浓，突跃范围越大，可供选择的指示剂越多；溶液越稀，突跃范围越小，可供选择的指示剂越少。用前两种浓度的溶液滴定都可用甲基橙作指示剂，而最后一种浓度滴定时甲基橙就不能用来指示滴定终点。一般选用标准溶液的浓度为 0.1~0.5mol/L。浓度大则取样多，并且可能引起较大的误差；浓度低则滴定突跃不明显。

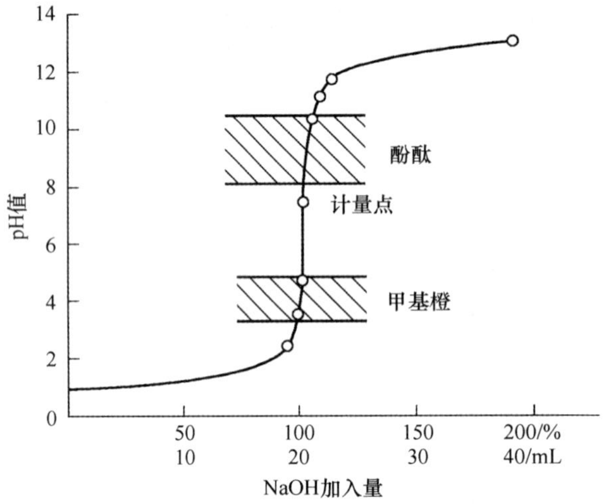

图 4-1 用 NaOH(0.1000mol/L) 滴定 HCl(0.1000mol/L) 的滴定曲线

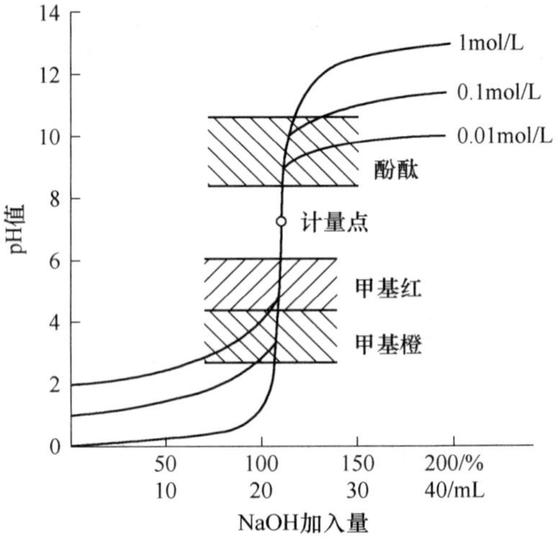

图 4-2 不同浓度的强碱滴定强酸的滴定曲线

二、一元弱酸、弱碱的滴定

（一）强碱滴定一元弱酸（HA）

强碱滴定弱酸的基本反应：

$$HA + OH^- \rightleftharpoons A^- + H_2O$$

1. 滴定曲线

以强碱 NaOH 滴定弱酸 HAc 为例讨论滴定过程中溶液 pH 值的变化。设 HAc 的浓度为 $c_a = 0.1000$mol/L，体积为 $V_a = 20.00$mL，NaOH 的浓度为 $c_b = 0.1000$mol/L，滴定时加入的体积为 V_b(mL)。整个滴定过程可分为四个阶段。

（1）滴定开始前。溶液的组成为 HAc 0.1000mol/L，20.00mL，醋酸是弱酸，在溶液中电离的氢离子浓度可根据醋酸的电离常数（$K_a = 1.75 \times 10^{-5}$）计算：

$$[H^+] = \sqrt{K_a c_a} = \sqrt{1.75 \times 10^{-5} \times 0.1000}\ \text{mol/L} = 1.33 \times 10^{-5}(\text{mol/L}),\ pH = 2.88$$

（2）滴定开始至化学计量点前。溶液组成为 HAc+NaAc。由于 NaOH 不断滴入，生成的 NaAc 不断增加，形成了 HAc-NaAc 缓冲体系。溶液 pH 值按缓冲溶液计算：

$$pH = pK_a - \lg \frac{c_a}{c_s}$$

【例 4-4】 滴入 NaOH 标准溶液 19.80mL 时：

$$c_a = \frac{0.1000 \times 20.00 - 0.1000 \times 19.80}{20.00 + 19.80}\text{mol/L} = 5.03 \times 10^{-4}\text{mol/L}$$

$$c_s = \frac{0.1000 \times 19.80}{20.00 + 19.80}\text{mol/L} = 4.97 \times 10^{-2}\text{mol/L}$$

$$\text{pH} = \text{p}K_a - \lg\frac{c_a}{c_s} = -\lg 1.75 \times 10^{-5} - \lg\frac{5.03 \times 10^{-4}}{4.97 \times 10^{-2}} = 6.73$$

（3）化学计量点时。溶液组成为 NaAc，HAc 全部与 NaOH 反应，溶液的 pH 值取决于 Ac^- 的水解，呈碱性，溶液的 pH 值计算如下：

$$\text{pH} = 7 - \frac{1}{2}\lg K_a + \frac{1}{2}\lg c_s = 7 - \frac{1}{2}\lg(1.75 \times 10^{-5}) + \frac{1}{2}\lg 0.05000 = 8.72$$

（4）化学计量点后。溶液组成为 NaAc+NaOH，过量 NaOH 的抑制了 NaAc 的水解，pH 值由多余的 NaOH 决定。pH 值计算与强碱滴定强酸相同。

例如，滴入 NaOH 20.02mL 时（化学计量点后 0.1%）有：

$$\text{pOH} = 4.30\text{pH} = 9.70$$

如此逐一计算，结果列于表 4-6。

表 4-6　0.1000mol/L NaOH 滴定 20.00mL 0.1000mol/L HAc 的 pH

加入 NaOH 量		过量 NaOH/mL	pH	计算式
%	mL			
0	0.00		2.87	$[H^+] = \sqrt{K_a c_{HAc}}$
90	18.00		5.70	$[H^+] = K_a \frac{c_{HAc}}{c_{NaAc}}$
99	19.80		6.73	
99.9	19.98		7.74 } 突跃范围	
100.0	20.00		8.72 } 突跃范围	$[OH^-] = \sqrt{\frac{K_w}{K_a} c_{NaAc}}$
100.1	20.02	0.02	9.70 } 突跃范围	$[OH^-] = \frac{V_{过量}}{V_{总量}} c_{NaOH}$
101	20.20	0.20	10.70	
110	22.00	2.00	11.70	
200	40.00	20.00	12.50	

根据表 4-6 结果绘制图 4-3。

2. 滴定曲线与指示剂的选择

与用 NaOH 滴定 HCl 的曲线相比，NaOH 滴定 HAc 的滴定曲线具有如下特点：

（1）滴定曲线的起点高。HAc 的离解度比同浓度的 HCl 的离解度要小，滴定前溶液 pH=2.88，而不是 1，所以滴定曲线的起点比强碱滴定强酸高 1.88 个 pH 值单位。

（2）滴定过程中溶液 pH 值变化情况不同。滴定开始就有 Ac^- 生成，由于同离子效应，Ac^- 抑制了醋酸的电离，氢离子浓度降低。溶液 pH 值随 NaOH 的滴入上升较快，所以曲线斜率较大。继续滴定，由于生成的 Ac^- 量增多，形成了 $HAc-Ac^-$ 缓冲体系，导致溶液的

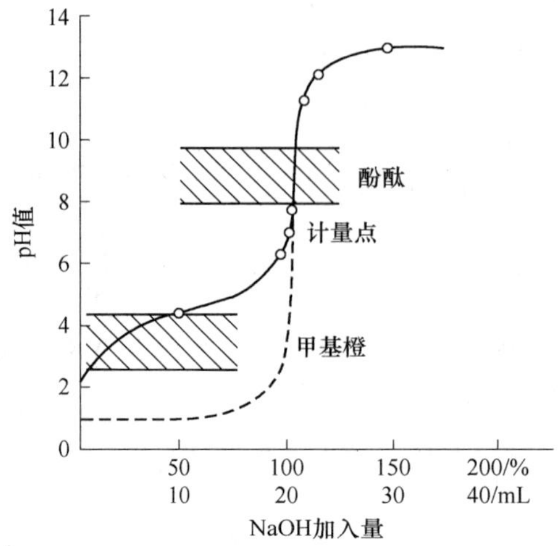

图 4-3 用 NaOH(0.1000mol/L) 滴定 HAc(0.1000mol/L) 的滴定曲线

pH 值变化较慢，所以这一段曲线较为平坦。在接近化学计量点时，由于 HAc 的浓度迅速减小，缓冲作用减弱，pH 值又增加较快，曲线斜率又迅速增大。化学计量点时，生成 NaAc，溶液呈碱性，此时溶液的 pH=8.72，而不是 7。化学计量点后，过量的 NaOH 抑制了 NaAc 的水解，溶液的 pH 值由多余的 NaOH 决定。pH 值计算与强碱滴定强酸相同。滴定曲线的变化与强碱滴定强酸一样。

（3）突跃范围小。突跃范围的 pH 值为 7.75～9.70，化学计量点时 pH=8.72，在碱区。所以只能选择在碱性区域变色的指示剂，如酚酞、百里酚蓝等。

3. 滴定突跃与弱酸强度的关系

图 4-4 所示为 NaOH 滴定不同强度的一元弱酸的滴定曲线。从图中可以看出：

（1）酸的浓度一定时，突跃范围的大小与弱酸的强度有关。K_a 越小（酸性越弱），滴定突跃范围越小。当 $K_a \leqslant 10^{-9}$时，在滴定曲线上没有明显的滴定突跃，因此无法选择一般的酸碱指示剂确定滴定终点。

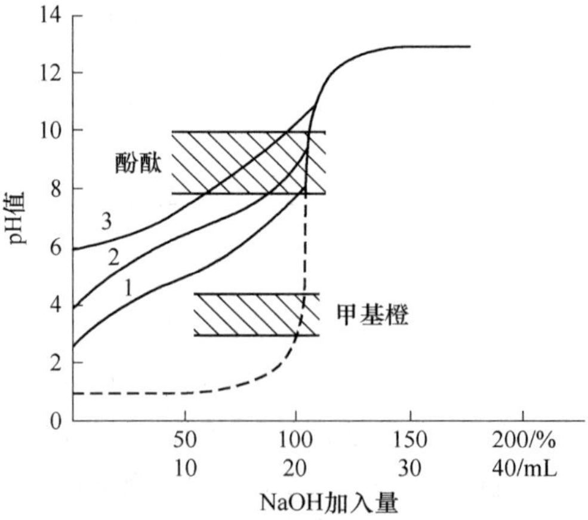

图 4-4 用强碱滴定不同强度的酸的曲线

1—$K_a=10^{-5}$；2—$K_a=10^{-7}$；3—$K_a=10^{-9}$

（2）突跃范围的大小还与弱酸的浓度成正比。弱酸的浓度和 K_a 越大，滴定突跃范围越大。在酸碱滴定中，为了确保在滴定曲线上有明显的突跃，因此要求弱酸的 $c_aK_a \geqslant 10^{-8}$。

（二）强酸滴定一元弱碱

强酸滴定弱碱的基本反应：

$$H^+ + BOH \rightleftharpoons B^+ + H_2O$$

以 HCl（0.1000mol/L）滴定 20.00mL $NH_3 \cdot H_2O$（0.1000mol/L）溶液为例，其滴定曲线如图 4-5 所示。

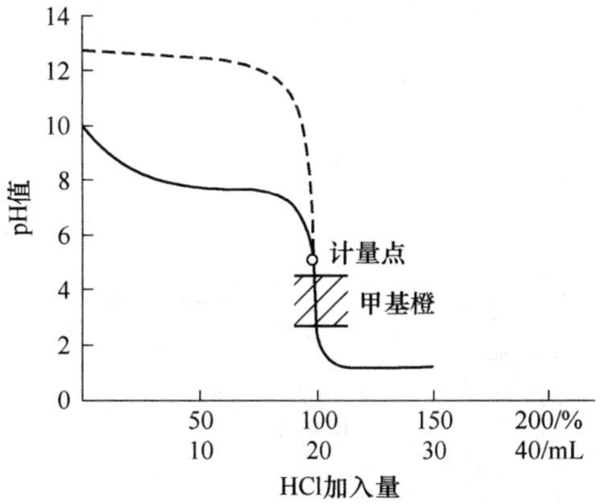

图 4-5　用 HCl（0.1000mol/L）滴定 $NH_3 \cdot H_2O$（0.1000mol/L）的滴定曲线

从图 4-5 可以看出，强酸滴定弱碱的曲线与强碱滴定弱酸的滴定曲线相似，不同的是 pH 值由大到小（pOH 由小到大）滴定曲线的形状相反。在化学计量点时，由于 NH_4^+ 显酸性，所以 pH 值为 5.28，滴定的突跃范围是 6.30～4.30，在酸区，因此只能选择在酸性区域内变色的指示剂，如甲基红、甲基橙等指示滴定终点。与强碱滴定弱酸相似，只有弱碱的 $c_bK_b \geqslant 10^{-9}$时，才能被强酸直接准确的滴定。

因为无明显的滴定突跃，无法选择指示剂，所以弱酸和弱碱之间不能滴定，在滴定分析中，一定是以强酸或强碱为标准溶液。

三、多元酸、碱的滴定

多元酸、碱在溶液中是分步离解的，所以在多元酸、碱的滴定中，情况较复杂，涉及的问题也比较多。如多元酸碱能否分步滴定、滴定到哪一级、各步滴定如何选择指示剂等。

（一）多元酸的滴定

多元酸的滴定，可根据下列原则判断其可行性：

（1）若 $c_aK_{a_n} \geqslant 10^{-8}$，则能被准确滴定。

（2）若相邻的两个 K_a 值之比 $K_{a_n}/K_{a_{n+1}} \geqslant 10^4$，则滴定中两突跃能明显分开。前一级电离的 H^+先被滴定，形成一个突跃，次一级电离的 H^+后被滴定。

（3）若相邻的两个 K_a 值之比小于 10^4，滴定时两个 H^+一次被滴定，只形成一个突跃。

例如，用 NaOH（0.1000mol/L）滴定 20.00mL H_3PO_4（0.1000mol/L）。H_3PO_4 是三元酸，分三步离解：

$$H_2PO_4 \rightleftharpoons H^+ + H_2PO_4^-, \ K_{a_1} = 7.52 \times 10^{-3}$$

$$H_2PO_4^- \rightleftharpoons H^+ + HPO_4^{2-}, \ K_{a_2} = 6.23 \times 10^{-8}$$

$$HPO_4^{2-} \rightleftharpoons H^+ + PO_4^{3-}, \ K_{a_3} = 2.2 \times 10^{-13}$$

滴定时，酸碱反应也是分步进行的：

$$H_3PO_4 + NaOH = NaH_2PO_4 + H_2O$$

$$NaH_2PO_4 + NaOH = Na_2HPO_4 + H_2O$$

$$Na_2HPO_4 + NaOH = Na_3PO_4 + H_2O$$

由于 HPO_4^{2-} 的 K_{a_3}太小，不能被直接滴定，因此在滴定曲线上只有两个滴定突跃，如图 4-6 所示。

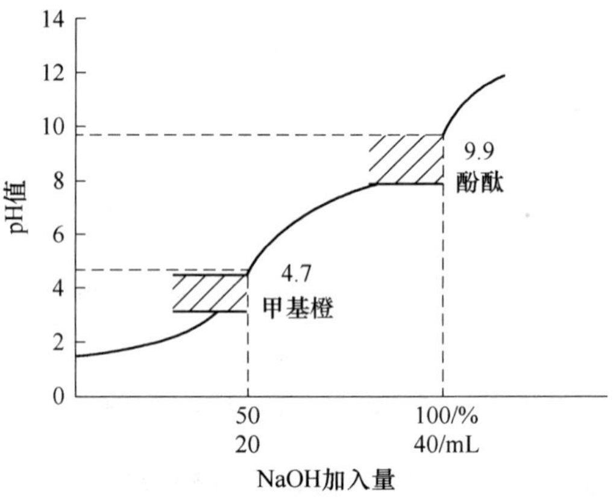

图 4-6 0.1000mol/L NaOH 溶液滴定 20.00mol/L H_3PO_4 溶液的滴定曲线

多元酸的滴定曲线比较复杂，在实际工作中，常根据化学计量点的 pH 值来选择指示剂。H_3PO_4 化学计量点的 pH 值可用最简式计算。

第一化学计量点：

$$[H^+] = \sqrt{K_{a_1}K_{a_2}}$$

$$pH = \frac{1}{2}(pK_{a_1} + pK_{a_2}) = \frac{1}{2}(2.12 + 7.21) = 4.66$$

可以选甲基红作指示剂，也可以选甲基橙与溴甲酚绿的混合指示剂，变色点的 pH=4.30，溶液由橙色变为绿色，终点变色明显。

第二化学计量点：

$$[H^+] = \sqrt{K_{a_2}K_{a_3}}$$

$$pH = \frac{1}{2}(pK_{a_2} + pK_{a_3}) = \frac{1}{2}(7.21 + 12.66) = 9.94$$

可以选酚酞作指示剂，也可以选酚酞与百里酚酞的混合指示剂，变色点的 pH=9.90，溶液由无色变为紫色，终点变色明显。

（二）多元碱的滴定

酸碱滴定中的多元碱，一般是指多元碱与强碱作用生成的盐，如 Na_2CO_3、$Na_2B_4O_7$ 等。

多元碱滴定的可行性与多元酸的滴定一样，也由三个原则来判断。

第五节　酸碱标准溶液的配制与标定

酸碱滴定法中，最常用的酸碱标准溶液是浓度为0.1000mol/L的盐酸、氢氧化钠等，有时也可用H_2SO_4、HNO_3、KOH等强酸、强碱。浓盐酸具有挥发性，氢氧化钠易吸收空气中的水和二氧化碳，故均用间接法配制。

一、酸标准溶液的配制和标定

（1）以HCl为例，0.1mol/L HCl标准溶液的配制。用市售盐酸（浓）（密度为1.19g/mL，质量分数为0.37）配制0.1mol/L HCl 1000mL。

1）计算浓盐酸的体积。

浓盐酸物质的量浓度：

$$c_{HCl} = \frac{1.19 \times 10^3 \times 0.37}{36.5} = 12(\text{mol/L})$$

需用浓盐酸的体积：

$$0.1 \times 1000 = 12 \times V, \quad V = 8.3\text{mL}$$

为了使配制的盐酸溶液浓度不低于0.1mol/L，故量取应比计算量多一些，取9mL。

2）配制。量取浓盐酸9mL，倒入1000mL容量瓶内，用蒸馏水稀释至刻线，摇匀，倒入试剂瓶内。

（2）0.1mol/L HCl标准溶液的标定。用基准碳酸钠标定HCl的反应如下：

$$Na_2CO_3 + 2HCl = 2NaCl + CO_2\uparrow + H_2O$$

精密称取在270~300℃灼烧至恒重的基准无水碳酸钠0.12g置于锥形瓶中，加水约40mL使其溶解，加甲基红-溴甲酚绿混合指示剂8~10滴，用盐酸溶液滴定至溶液由绿色变为暗红色时，煮沸2min（除去CO_2），冷却后继续滴定至溶液由绿色变为暗红色。记录所用盐酸标准溶液的体积，按下式计算盐酸的浓度：

$$c_{HCl} = \frac{m_{Na_2CO_3}}{\frac{1}{2}V_{HCl} \times M_{Na_2CO_3} \times 10^{-3}}$$

二、碱标准溶液的配制和标定

（1）以NaOH为例。0.1mol/L NaOH标准溶液的配制。氢氧化钠易吸收空气中的H_2O和CO_2生成Na_2CO_3，Na_2CO_3在氢氧化钠的饱和溶液中不易溶解，所以通常将NaOH配成饱和溶液（密度为1.56g/mL，质量分数是0.52），存于塑料瓶中，静置24h后，取上清液稀释成所需配制的浓度。

饱和NaOH溶液物质的量浓度约为：

$$\frac{1000 \times 1.56 \times 0.52}{40} = 20(\text{mol/L})$$

需饱和NaOH溶液的体积：

$$20 \times V = 0.1 \times 1000,\ V = 5\text{mL}$$

为了使配制的 NaOH 标准溶液浓度不低于 0.1mol/L，可取饱和 NaOH 溶液 5.6mL 置于 1000mL 容量瓶内，用不含 CO_2 的蒸馏水稀释至刻线，摇匀，备用。

（2）0.1mol/L NaOH 标准溶液的标定。用邻苯二甲酸氢钾为基准物质，标定反应如下：

操作步骤：称取在 105~110℃干燥至恒重的基准物质邻苯二甲酸氢钾 0.4g，置于锥形瓶中，加蒸馏水 20mL 溶解，酚酞 1~2 滴，用待标定的氢氧化钠溶液滴定至粉红色。记录所用氢氧化钠标准溶液的体积，按下式计算氢氧化钠的浓度：

$$c_{NaOH} = \frac{m_{KHC_8H_4O_4}}{V_{NaOH} \times M_{KHC_8H_4O_4} \times 10^{-3}}$$

第六节　应用实例

酸碱滴定法是以酸碱中和反应为基础的滴定方法，是滴定分析中的一种重要分析方法，广泛应用于测定酸、碱及能与酸、碱发生反应的物质。现按滴定方式的不同分别说明。

一、直接滴定法

凡是能溶于水或其中的酸或碱的组分可用水溶解，且 $c_aK_a \geq 10^{-8}$ 的酸性物质和 $c_bK_b \geq 10^{-8}$ 的碱性物质均可用直接滴定法滴定。

药用 NaOH 的测定。

氢氧化钠易吸收空气中的二氧化碳而变成 Na_2CO_3，形成 NaOH 和 Na_2CO_3 的混合碱。通常测定 NaOH 和 Na_2CO_3 的含量有两种方法。

（一）双指示剂法

准确称取药用 NaOH 试样 m_sg，溶解后滴入酚酞作为指示剂，用 HCl 滴定至红色消失为第一终点，消耗 HCl 的体积为 V_1mL，再加入甲基橙作指示剂，继续用 HCl 滴定至橙色为第二终点，消耗 HCl 的体积为 V_2mL。则滴定过程中的数量关系为：

$NaOH+Na_2CO_3$

酚酞↓ HCl V_1mL　　NaOH：(V_1-V_2) mL

$NaCl+NaHCO_3$

甲基橙↓HCl V_2mL　　Na_2CO_3：$2V_2$mL

$NaCl+CO_2+H_2O$

双指示剂法操作简便，但第一终点时溶液由红色变成无色（微红），误差在 1%左右。若要求提高测定的准确度，则可用氯化钡法。

（二）氯化钡法

准确称取药用 NaOH 试样 m_sg，溶解，分成等量的两份。第一份加入甲基橙作指示剂，用 HCl 滴定至橙色，消耗 HCl 标准溶液的体积为 V_1mL，测得总碱量。第二份加入 $BaCl_2$，Na_2CO_3 变成 $BaCO_3$ 沉淀，析出；再加入酚酞为指示剂，用 HCl 滴定至红色消失，消耗 HCl 标准溶液的体积为 V_2mL，V_2 则是混合物中 NaOH 所消耗的 HCl 体积。所以滴定过程中的数量关系为：

第一份：	第二份：
$NaOH+Na_2CO_3$	$NaOH+Na_2CO_3$
	↓ $BaCl_2$
甲基橙 ↓ HCl V_1mL	$NaOH+BaCO_3$
酚酞 ↓ HCl V_2mL ↓	
$NaCl+CO_2+H_2O$	$NaCl+H_2O$ 沉淀析出

$$w_{NaOH}=\frac{c_{HCl}V_2M_{NaOH}\times10^{-3}}{\frac{1}{2}m_s}\qquad w_{Na_2CO_3}=\frac{\frac{1}{2}c_{HCl}(V_1-V_2)M_{Na_2CO_3}\times10^{-3}}{\frac{1}{2}m_s}$$

二、间接滴定法

有些物质虽然具有酸碱性，但难溶于水；有些物质酸碱性很弱，不能用强酸、强碱直接滴定，因此需用间接滴定法。

（一）铵盐和有机氮测定

1. 铵盐中氮的测定

无机铵盐，如 NH_4Cl、$(NH_4)_2SO_4$ 等，由于 NH_4^+ 的 $K_a=5.7\times10^{-10}$，所以不能用碱标准溶液直接滴定，因此常用下述两种方法测定其含氮量。

（1）蒸馏法。在试样中加入过量的碱，加热将 NH_3 蒸馏出来，然后用过量的 HCl 标准溶液吸收，过量的酸再以甲基橙为指示剂用 NaOH 标准溶液回滴，也可用 2%H_3BO_3 吸收，生成的 $H_2BO_3^-$ 是较强碱，以甲基红-溴甲酚绿混合指示剂，用标准溶液滴定。其反应过程为：

$$NH_4^+ + OH^- \longrightarrow NH_3\uparrow + H_2O$$
$$NH_3 + H_3BO_3 = NH_4BO_2 + H_2O$$
$$NH_4BO_2 + HCl + H_2O = NH_4Cl + H_3BO_3$$

由于 H_3BO_3 是极弱酸，起固定氮的作用又不干扰滴定，且用 H_3BO_3 溶液吸收只要准备一种标准溶液，所以目前用得比较多，含氮量的计算公式为：

$$w_N=\frac{c_{HCl}V_{HCl}\times M_N\times10^{-3}}{m_s}$$

（2）甲醛法。甲醛与铵盐作用，生成质子化六次甲基四铵，同时生成定量的酸，以酚酞为指示剂，用 NaOH 标准溶液滴定至溶液微红色，含氮量计算公式为：

$$w_N=\frac{c_{NaOH}V_{NaOH}\times M_N\times10^{-3}}{m_s}$$

甲醛法也可用于氨基酸的测定。

2. 含氮有机物中氮的测定

含氮有机物，如氨基酸、生物碱、蛋白质等，常以凯氏法测定氮，将试样与浓硫酸共煮，消化分解，能将氮转化成铵盐，然后按上述蒸馏法进行测定。

（二）硼酸的测定

H_3BO_3 是极弱酸，不能用强碱直接滴定，但它能与某些多元醇，如甘油、甘露醇、葡萄糖或果糖反应，配位生成酸性较强的酸，因此可用 NaOH 标准溶液间接滴定 H_3BO_3。准确称取样品 m_sg，加入一定量甘油，以酚酞作指示剂，用 NaOH 滴定至溶液变为淡红色为终点。按下式计算 H_3BO_3 的含量：

$$w_{H_3BO_3} = \frac{c_{NaOH}V_{NaOH} \times M_{H_3BO_3} \times 10^{-3}}{m_s}$$

单元小结

一、酸碱平衡中有关浓度的计算

欲计算一种溶液的酸度，首先要弄清所讨论的组分是强酸（碱）还是弱酸（碱），是否为水解性盐，是否为具有缓冲作用的弱酸（碱）及其盐的混合物，现将几种常见情况下计算水溶液酸度的简化公式归纳表。

计算溶液酸度的简化公式见下表。

溶液类型	简化公式	举　例
强酸	$[H^+]=c_a$	如 HCl
强碱	$[OH^-]=c_b$	如 NaOH
一元弱酸	$[H^+]=\sqrt{K_ac_a}\ (c_a/K_a \geqslant 500)$	如 HAc
一元弱碱	$[OH^-]=\sqrt{K_bc_b}\ (c_b/K_b \geqslant 500)$	如 NH_3
强酸弱碱盐	$[H^+]=\sqrt{\frac{K_w}{K_b}c_s}$	如 NH_4Cl
强碱弱酸盐	$[OH^-]=\sqrt{\frac{K_w}{K_a}c_s}$	如 NaAc
弱酸弱酸盐	$[H^+]=K_a\frac{c_a}{c_s}$	如 HAc+NaAc
弱碱弱碱盐	$[OH^-]=K_b\frac{c_b}{c_s}$	如 NH_3+NH_4Cl
一元弱酸弱碱盐	$[H^+]=\sqrt{K_w\frac{K_a}{K_b}}$	如 NH_4Ac
二元弱酸强碱盐	$[OH^-]=\sqrt{\frac{K_w}{K_{a_2}}c_s}$	如 Na_2CO_3
酸式盐	$[H^+]=\sqrt{K_{a_1}K_{a_2}}$ $[H^+]=\sqrt{K_{a_1}K_{a_2}}$ $[H^+]=\sqrt{K_{a_1}K_{a_3}}$	如 $NaHCO_3$ NaH_2PO_4 Na_2HPO_4

二、缓冲溶剂

缓冲溶液调节和控制溶液酸度。可作缓冲溶液的有强碱、强酸、酸式盐、弱酸及其盐、弱碱及其盐等。现以后两种类型为例。

（1）缓冲溶液的酸度 pH 取决于缓冲体系中弱酸的 K_a 或弱碱的 K_b，它所能控制的 pH 范围为 $pK_a \pm 1$ 或者说 $14-(pK_b \pm 1)$，此范围称该缓冲溶液的缓冲范围。

（2）缓冲溶液的缓冲作用有一定限度，可以用缓冲容量来衡量。缓冲容量与缓冲体系中两组分总浓度及二者浓度比 c_a/c_s 或 c_b/c_s 有关。总浓度越大，浓度比越接近 1，缓冲容量越大。

三、酸碱滴定终点的控制指示剂法

（1）酸碱指示剂的变色原理。

内因——酸碱指示剂是一种有机弱酸或弱碱，结构不同，颜色不同。

外因——当溶液的 pH 改变时，由于指示剂的分子结构变化而引起颜色的改变。

（2）变色范围。能明显地观察到指示剂颜色变化的 pH 范围，称为指示剂的变化范围。不同的指示剂有不同的变色范围，$pH=pK_{HIn} \pm 1$。

（3）指示剂选择的依据——滴定的突跃范围。

（4）指示剂的选择原则。指示剂的变色范围应全部或大部分落在滴定突跃范围之内。指示剂的变色范围越窄越好。

为了使指示剂的颜色变化更敏锐，减小滴定误差，日常工作中常用混合指示剂来指示滴定终点。

四、滴定曲线及突跃范围

表示滴定过程中溶液 pH 随滴定剂加入量变化而变化的曲线，叫滴定曲线。在化学计量点附近溶液 pH 变化的突跃范围称为滴定的突跃范围 ΔpH。滴定突跃范围的大小与溶液的浓度有关，浓度越大，突跃范围越大，浓度越小，突跃范围越小。

不同类型的酸碱滴定，化学计量点各不相同，所用的指示剂也不相同：

（1）强酸滴定强碱。化学计量点时溶剂呈中性，$pH=7$；常用酚酞或甲基橙作指示剂。

（2）强酸滴定弱碱。化学计量点时溶液呈碱性，$pH>7$；常用酚酞作指示剂。

（3）强酸滴定弱碱。化学计量点时溶液呈酸性，$pH<7$；常用甲基红或甲基橙作指示剂。

五、酸碱滴定的条件

强碱滴定强碱或强碱滴定强酸：都可滴定；

强碱滴定一元弱酸：$c_a K_a \geqslant 10^{-8}$；

强酸滴定一元弱碱：$c_b K_b \geqslant 10^{-8}$。

六、强碱标准滴定溶液的制备与标定

酸碱标准溶液一般不用直接配置法，而是先配成近似浓度的溶液，然后用基准物质标定其准确浓度。

配置和标定方法执行 GB/T 601—2002 中的有关规定。

七、应用

（1）直接滴定。酸碱性物质，其 $c_aK_a \geqslant 10^{-8}$、$c_bK_b \geqslant 10^{-8}$，可以直接滴定，如硫酸、醋酸、氨水、混合碱（双指示剂法）的分析。

（2）间接滴定。将待测物质经化学反应后生成相应量的酸或减，然后滴定此酸或碱的量，如甲醛的测定。

单元习题

一、选择题

1. 物质的量浓度相同的下列物质的水溶液，其 pH 最高的是（　　）。

A. NaCl　　B. NH_4Cl　　C. NH_4Ac　　D. Na_2CO_3

2. 用纯水将下列溶液稀释 10 倍时，其中 pH 变化最小的是（　　）。

A. $c(HCl)=0.1$HCl 溶液

B. $c(NH_3)=0.1$mol/L $NH_3 \cdot H_2O$ 溶液

C. $c(HAc)=0.1$mol/L HAc 溶液

D. $c(HAc)=0.1$mol/L HAc 溶液+$c(NaAc)=0.1$mol/L NaAc 溶液

3. 酸碱滴定中选择指示剂的原则是（　　）。

A. 指示剂应在 pH=7.0 时变色

B. 指示剂的变色范围一定要包括计量点在内

C. 指示剂的变色范围全部落在滴定的 pH 突跃范围之内

D. 指示剂的变色范围全部或大部分落在滴定的 pH 突跃范围之内

4. 用 $c(HCl)=0.1$mol/L HCl 溶液滴定 $c(NH_3)=0.1$mol/L 氨水溶液化学计量点时，溶液的 pH 为（　　）。

A. 等于 7.0　　B. 大于 7.0　　C. 小于 7.0　　D. 等于 8.0

5. 用 $c(HCl)=0.1$mol/L HCl 溶液滴定 Na_2CO_3 至第一化学计量点时，可选用的指示剂为（　　）。

A. 甲基橙　　B. 酚酞　　C. 甲基红　　D. 中性红

6. 标定 NaOH 溶液常用的基准物质是（　　）。

A. 无水碳酸钠　　B. 硼砂　　C. 邻苯二甲酸氢钾　　D. 碳酸钙

7. 用 HCl 滴定 Na_2CO_3 溶液的第一、第二个化学计量点可以分别用（　　）作为指示剂。

A. 甲基红和甲基橙　　B. 酚酞和甲基橙　　C. 甲基橙和酚酞　　D. 酚酞和甲基红

8. 用同一瓶 NaOH 标准溶液，分别滴定体积相等的 H_2SO_4 和 HAc 溶液，若消耗 NaOH 的体积相等，则说明 H_2SO_4 和 HAc 两溶液中的（　　）。

A. 氢离子浓度相等　　B. H_2SO_4 的浓度为 HAc 浓度的 1/2

C. H_2SO_4 和 HAc 溶液的浓度相等　　D. H_2SO_4 和 HAc 溶液的电离度相等

9. 硫酸含量的测定方式是（　　）。

A. 直接滴定法　　B. 返滴定法　　C. 置换滴定法　　D. 间接滴定法

10. 测定硫酸含量所用的指示液是（　　）。

A. 酚酞指示液　　B. 甲基橙指示液

C. 甲基红-亚甲基蓝指示液　　D. 甲基红指示液

11. 指示剂的适宜用量一般是 20~30mL 试液中加入（　　）。

A. 8~10 滴　　B. 1~4 滴　　C. 10 滴以上　　D. 5~6 滴

12. 下列混合物属于混合指示液的是（　　）。

A. 溴甲酚绿+甲基红　　B. 甲基红+硼砂　　C. 百里酚蓝+NaCl　　D. 甲基黄+淀粉

13. 测定硫酸含量指示液用量过多，则滴定终点呈现的颜色为（　　）。

A. 紫色　　B. 灰绿色　　C. 红色　　D. 绿色

14. 采用双指示剂法测定混合碱试样。若试样由 NaOH 和 Na_2CO_3 所组成，则在两计量点消耗的 HCl 体积 V_1 和 V_2 的关系为（　　）。

A. $V_1=V_2>0$　　B. $V_1>V_2$　　C. $V_1<V_2$　　D. $V_1=0$

15. 以 HCl 滴定 Na_2CO_3 时，如用酚酞指示液只能指示（　　）。

A. 第一计量点　　B. 第二计量点　　C. 第一计量点和第二计量点

16. 某碱性试液，以酚酞为指示液滴定。用去 HCl 标准滴定溶液的体积为 V_1；继续以甲基橙为指示液滴定，用去同一 HCl 标准滴定溶液的体积为 V_2，如 $V_2<V_1$，则该试液的组成为（　　）。

A. CO_3^{2-}　　B. HCO_3^-　　C. OH^-　　D. $CO_3^{2-}+OH^-$

17. 用 HCl 滴定 Na_2CO_3 达第二计量点时，为防止终点提前，可采用（　　）的方法。

A. 采用混合指示液　　B. 加入水溶性有机溶剂

C. 在近终点时煮沸溶液，冷却后继续滴定　　D. 在近终点时缓缓滴定

二、判断题

1. 滴定分析中一般利用指示剂颜色的突变来判断化学计量点的达到，在指示剂变色时停止滴定，这一点称为化学计量点。（　　）

2. 在纯水中加入一些酸，则溶液中的［H^+］与［OH^-］的乘积增大了。（　　）

3. 强酸强碱滴定化学计量点时 pH 等于 7。（　　）

4. 将 pH=3 和 pH=5 的两种溶液等体积混合后，其 pH 变为 4。（　　）

5. $NaHCO_3$ 和 Na_2HPO_4 两种物质均含有氢，这两种物质的水溶液都呈酸性。（　　）

6. $c(H_2C_2O_4)=1.0$mol/L $H_2C_2O_4$ 溶液，其［H^+］浓度为 2.0mol/L。（　　）

7. c(HAc)= 0.1mol/L HAc 溶液的 pH=2.87。（　　）

8. 强碱滴定弱酸常用的指示剂为酚酞。（　　）

9. 强酸滴定弱碱常用的指示剂为酚酞。（　　）

10. NaOH 标准溶液可以用直接配制法配制。（　　）

11. HCl 标准溶液的准确浓度可用基准无水 Na_2CO_3 标定。（　　）

三、简答题

1. 溶液的 pH 和 pOH 之间有什么关系？

2. 酸度和酸的浓度是不是同一概念？为什么？

3. 什么叫做缓冲溶液？举例说明缓冲溶液的组成。

4. 缓冲溶液的 pH 取决于哪些因素？

5. 酸碱滴定法的实质是什么？酸碱滴定有哪些类型？

6. 酸碱指示剂为什么能变色？什么叫指示剂的变色范围？

7. 酸碱滴定曲线说明什么问题？什么叫 pH 突跃范围？在各不同类型的滴定中为什么突跃范围不同？

8. 选择酸碱指示剂的原则是什么？

9. 什么叫混合指示剂？举例说明用混合指示剂有什么优点？

10. 溶液滴入酚酞为无色，滴入甲基橙为黄色，指出此溶液的 pH 范围？

11. 判断在下列 pH 溶液中，指示剂显什么颜色？

（1）pH=3.5 溶液中滴入甲基橙指示液；

（2）pH=7.0 溶液中滴入溴甲酚绿指示液；

（3）pH=4.0 溶液中滴入酚酞指示液；

（4）pH=10.0 溶液中滴入甲基红指示液；

（5）pH=6.0 溶液中滴入甲基红和溴甲酚绿指示液。

12. 为什么 NaOH 可以滴定 HAc，但不能直接滴定 H_3BO_3？

13. 什么叫双指示剂法？

14. 为什么烧碱中常含有 Na_2CO_3？怎样才能分别测出 Na_2CO_3 和 NaOH 的含量？

15. 用基准 Na_2CO_3 标定 HCl 溶液时，为什么不选用酚酞指示剂而用甲基橙作指示剂？为什么要在近终点时加热赶去 CO_2？

16. 酸碱滴定法测定物质含量的计算依据是什么？

四、计算题

1. 求下列溶液的

（1）$c(HCl)=0.001mol/L$ HCl 溶液；

（2）$c(NaOH)=0.001mol/L$ NaOH 溶液；

（3）$c(HAc)=0.001mol/L$ HAc 溶液（$K_a=1.8\times10^{-5}$）；

（4）$c(NH_3)=0.001mol/L$ 氨水溶液（$K_b=1.8\times10^{-5}$）；

（5）$c(HAc)=0.01mol/L$ HAc 和 $c(NaOH)=0.01mol/L$ NaOH 等体积混合溶液；

（6）$c(NH_3)=0.01mol/L$ 氨水和 $c(HCl)=0.01mol/L$ HCl 等体积混合溶液；

（7）$c(HAc)=0.1mol/L$ HAc 和 $c(NaAc)=0.1mol/L$ NaAc 等体积混合溶液；

（8）$c(NaHCO_3)=0.1mol/L$ $NaHCO_3$ 溶液（H_2CO_3：$K_{a1}=4.2\times10^{-7}$，$K_{a2}=5.6\times10^{-11}$）。

2. 配制 pH=6.0 的 HAc-NaAc 缓冲溶液 1000mL，已称取 $NaAc\cdot3H_2O$ 100g，问需加浓度为 15mol/L 的冰醋酸多少毫升？

3. 用 0.2369g 无水碳酸钠标定 HCl 标准溶液的浓度，消耗 22.35mL HCl 溶液，试计算该 HCl 溶液的物质的量浓度。

4. 中和 30.00mL NaOH 溶液，用去 38.40mL $c\left(\frac{1}{2}H_2SO_4\right)=0.1000mol/L$ 的硫酸溶液，求 NaOH 溶液的物质的量浓度是多少？

5. 称取 0.8206g 邻苯二甲酸氢钾（$KHC_8H_4O_4$），溶于水后 $c(NaOH)=0.2000mol/L$，NaOH 标准溶液滴定，问需消耗 NaOH 溶液多少毫升？

6. 称取 1.5312g 纯 Na_2CO_3 配成 250.0mL 溶液，计算此溶液的物质的量浓度。若取此溶液 20.00mL，用 HCl 溶液滴定用去 34.20mL，计算 HCl 溶液的物质的量浓度。

7. 用基准无水 Na_2CO_3 标定 $c(HCl)=0.1mol/L$ HCl 标准溶液，应取无水 Na_2CO_3 多少克？

8. 有 7.6521g 硫酸试样，在容量瓶中稀释成 250mL。吸取 25.00mL，滴定时用去 0.7500mol/L NaOH 溶液 20.00mL。计算试样中 H_2SO_4 的含量。

9. 称取 0.2815g 石灰石，加入 0.1175mol/L 的 HCl 溶液 20.00mL，滴定过量的酸时用去 5.60mL NaOH 溶液，而 HCl 溶液对 NaOH 溶液的体积比为 0.975。计算石灰石中 CO_2 的含量。

10. 有含 NaOH 和 Na_2CO_3 的试样 1.179g，溶解后用酚酞作指示剂，滴加 0.3000mol/L HCl 溶液 38.16mL，溶液变为无色。再加甲基橙作指示剂，再用该酸滴定，则需 24.04mL。计算试样中 NaOH 和 Na_2CO_3 的含量。

第五单元　氧化还原滴定法

【单元导读】

氧化还原滴定法是以氧化还原反应为基础的滴定分析方法，利用氧化还原滴定法，不仅可以测定具有氧化性或还原性的物质，还可以测定一些能与氧化剂或还原剂发生定量反应的物质。因此，氧化还原滴定的应用范围很广。

【知识目标】

（1）了解氧化还原滴定法的反应特点及分类；

（2）理解标准电极电位、条件电极电位的概念和应用；

（3）掌握 $KMnO_4$ 法、$K_2Cr_2O_7$ 法、碘量法的测定原理、滴定条件及应用。

【能力目标】

（1）能利用氧化还原滴定法解决实际问题；

（2）会配制一定浓度的标准溶液并标定。

第一节　概　　述

氧化还原滴定法是以氧化还原反应为基础的滴定分析方法，在滴定分析中是应用最广泛的方法之一。

氧化还原反应不同于酸碱、沉淀、配位反应，酸碱、沉淀、配位反应都是基于离子或分子相互结合的反应，反应相对简单，一般瞬间即可完成。氧化还原反应的特点表现如下。

（1）由于氧化还原反应是基于电子转移的反应，因此反应机理比较复杂；

（2）氧化还原反应是分步进行，所以反应速率较慢；

（3）大多数氧化还原反应除了主反应外，还常伴随有副反应产生。

由此可见，不是所有的氧化还原反应都能用于滴定分析，为了符合滴定分析对反应的要求，必须创造适当的条件，例如升高溶液温度、增加反应物浓度或降低生成物浓度、添加催化剂等方法，加快反应速度，防止副反应发生。

能够用于滴定分析的氧化还原反应很多。氧化还原滴定法可以根据待测物的性质选择合适的滴定剂，并常根据所用的滴定剂的名称来命名，可以将氧化还原滴定法分为：

（1）高锰酸钾法。利用高锰酸钾标准滴定溶液的氧化作用进行的滴定。

（2）重铬酸钾法。利用重铬酸钾标准滴定溶液的氧化作用进行的滴定。

（3）碘量法。利用碘的氧化作用或碘离子的还原作用进行的滴定，一般使用硫代硫酸钠作为标准滴定溶液。

（4）溴酸钾法。利用溴酸钾标准滴定溶液的氧化作用进行的滴定。

（5）铈量法。利用硫酸铈标准滴定溶液进行的滴定。

利用氧化还原滴定法，不仅可以测定具有氧化性或还原性的物质，还可以测定一些能与氧化剂或还原剂发生定量反应的物质。因此，氧化还原滴定的应用范围很广。

第二节 氧化还原平衡

一、电极电位

电极电位是指电极与溶液接触的界面存在双电层而产生的电位差，用来 φ 表示，SI 单位为伏特（V），符号为 V。任一氧化还原电对都有其相应的电极电位，电极电位值越高，则此电对氧化型的氧化能力越强；电极电位越低，则此电对的还原型的还原能力越强，电极电位值的大小表示了电对得失电子能力的强弱。作为一种氧化剂，它可以氧化电位较它低的还原剂；作为一种还原剂，它可以还原电位较它高的氧化剂，由此可见，根据有关电对的电位，可以判断反应进行的方向和次序。

（一）标准电极电位 $\varphi^{\ominus}$

电极电位值与浓度和温度有关，在热力学标准状态（即 298K 有关物质的活度及酸度都是 1mol/L，有关气体压力为 1.013×10^5Pa 时）下，该电对电极电位称为标准电极电位。有关氧化还原电对的标准电极电位列于附表 2。

（二）能斯特方程

在一定状态下，电极电位的大小不仅与电对的本性有关，而且也与溶液中离子的浓度、气体的压力、温度等因素有关，如果温度、浓度发生变化，则电极电位值也要改变，电极电位和温度及浓度的定量关系式称为能斯特方程。对于可逆氧化还原电对的电位，可用能斯特方程式表示。例如，Ox-Red 电对：

$$\mathrm{Ox} + ne^- \rightleftharpoons \mathrm{Red}$$

$$\varphi = \varphi^{\ominus} + \frac{0.059}{n}\lg\frac{a_{\mathrm{Ox}}}{a_{\mathrm{Red}}} \tag{5-1}$$

式中 φ——氧化型/还原型电对的电位，V；

$\varphi^{\ominus}$——氧化型/还原型电对的标准电位，V；

a_{Ox}，a_{Red}——氧化型和还原型的活度，mol/L；

n——半反应中电子转移数。

利用能斯特方程式计算各电对的电位时，应注意以下几点：

（1）方程式中的各项应与电对中各成分相对应。如电对中的氧化型、还原型、H^+、OH^- 等都应包括在计算公式中。电对的半反应中如有系数，应乘以对应的次数。

（2）气体的活度用该气体的分压力（Pa），固体、液体及水的活度定为常数（活度为 1），其他均用物质的量浓度。

$$\varphi = \varphi^{\ominus} + \frac{0.059}{n}\lg\frac{[\mathrm{Ox}]}{[\mathrm{Red}]} \tag{5-2}$$

在计算时，为简化起见，可忽略离子强度的影响，以浓度代替活度进行计算。对于不可逆电对，如 MnO_4^-/Mn^{2+}、$Cr_2O_7^{2-}/Cr^{3+}$、$S_4O_6^{2-}/S_2O_4^{2-}$、SO_4^{2-}/SO_3^{2-} 等，实际电位与用能斯特公式计算的电位相差较大，但可用其计算结果作初步判断。

【例 5-1】 已知 $[MnO_4^-]=0.1mol/L$，$[Mn^{2+}]=0.001mol/L$，$[H^+]=1mol/L$，求 $\varphi_{MnO_4^-/Mn^{2+}}$。$MnO_4^-$ 在酸性溶液中的半反应及标准电极电位为

$$MnO_4^- + 8H^+ + 5e \rightleftharpoons Mn^{2+} + 4H_2O,\ \varphi^{\ominus}=+1.51V$$

解:

$$\varphi=\varphi^{\ominus}+\frac{0.059}{n}\lg\frac{[MnO_4^-][H^+]^8}{[Mn^{2+}]}=\left(1.51+\frac{0.059}{5}\lg\frac{0.1\times1}{0.001}\right)=1.54(V)$$

【例 5-2】 用 $K_2Cr_2O_7$ 标准溶液（HCl）介质滴定溶液中的 Fe^{2+}，反应达化学计量点时的电位是 1.02V。求此时 Fe^{3+} 与 Fe^{2+} 的浓度比，并判断反应是否进行完全。

解: 已知 $\varphi^{\ominus}_{Fe^{3+}/Fe^{2+}}=+0.77V$，$\varphi_{Fe^{3+}/Fe^{2+}}=+1.02V$

$$\varphi=\varphi^{\ominus}+\frac{0.059}{1}\lg\frac{[Fe^{3+}]}{[Fe^{2+}]}$$

$$\lg\frac{[Fe^{3+}]}{[Fe^{2+}]}=\frac{1}{0.059}\times(1.02-0.77)=4.24$$

$$\frac{[Fe^{3+}]}{[Fe^{2+}]}=\frac{1.74\times10^4}{1}$$

此浓度比值说明 Fe^{2+} 已被氧化完全。

（三）条件电极电位 φ'

在实际工作中，溶液中离子的强度是很大的，溶液的酸度也不是特定条件下的 1mol/L，往往更大些。此外，当溶液组成改变时，电对的氧化型和还原型的存在形式也随之改变，从而引起电位的变化。这些因素是不能忽略的。

为了解决这个问题，人们通过实验测定了在特定条件下，当氧化型和还原型的分析浓度均为 1mol/L（或其浓度比 $c(Ox)/c(Red)=1$）时，校正了各种外界因素的影响后的实际电极电位，称为条件电极电位，用 $\varphi'(Ox/Red)$ 表示。有关氧化还原电对的条件电极电位列于附表 2 中。

标准电极电位与条件电极电位的关系，与配位反应中的绝对稳定常数 K 和条件稳定常数 K' 的关系相似。条件电位是校正了各种外界因素的影响，处理问题就比较简单，也比较符合实际情况，应用条件电位比用标准电极电位能更准确地判断氧化还原反应方向、次序和反应完成的程度。

当缺少所需条件下的条件电极电位时，可采用条件相近的条件电极电位。例如查不到 3mol/L H_2SO_4 溶液中 $Cr_2O_7^{2-}/Cr^{3+}$ 电对的条件电位时，可用 4mol/L H_2SO_4 溶液中该电位的条件电位（1.51V）代替，如果采用标准电极电位（1.33V）则误差更大。

对于没有条件电极电位数据的氧化还原电对，只好使用标准电极电位作近似计算。

二、判断氧化还原反应的方向和次序

在一般情况下可根据氧化还原反应中两电对的条件电位或通过有关氧化还原电对电极

电位值的计算，大致判断氧化还原反应进行的方向和次序。

氧化还原反应的方向是 $\varphi^{\ominus}$ 值高的电对中氧化型与 $\varphi^{\ominus}$ 值低的电对中还原型相互作用，并向其对应的方向进行。也就是比较强的氧化剂和比较强的还原剂作用，生成比较弱的氧化剂和比较弱的还原剂。

【例 5-3】 试根据标准电极电位判断下列反应的自发方向：

$$2Fe^{3+} + Sn^{2+} \rightleftharpoons 2Fe^{2+} + Sn^{4+}$$

解： 由附表 2 查得，$\varphi^{\ominus}(Fe^{3+}/Fe^{2+}) = 0.77V$，$\varphi^{\ominus}(Sn^{4+}/Sn^{2+}) = 0.15V$

由于 $\varphi^{\ominus}(Fe^{3+}/Fe^{2+}) > \varphi^{\ominus}(Sn^{4+}/Sn^{2+})$，故 Fe^{3+} 能够氧化 Sn^{2+}，反应自发向右进行。

应当指出，用标准电极电位判断反应方向，还须考虑 Ox、Red 的浓度，溶液的酸度，生成沉淀，形成配合物等因素的影响。这些因素可能使氧化态或还原态存在形式发生变化，以致有可能改变反应的方向。例如，用间接碘量法测定 Cu^{2+} 的反应：

$$2Cu^{2+} + 4I^- \rightleftharpoons 2CuI\downarrow + I_2$$

$$\varphi^{\ominus}(Cu^{2+}/Cu^+) = +0.15V, \quad \varphi^{\ominus}(I_2/I^-) = +0.54V$$

从标准电极电位看，$\varphi^{\ominus}(I_2/I^-) > \varphi^{\ominus}(Cu^{2+}/Cu^+)$，似乎 I_2 能够氧化 Cu^+，反应向左进行。但事实上反应向右进行，I^- 能还原 Cu^{2+} 且还原得很完全。这是因为 Cu^{2+}/Cu^+ 电对中的 Cu^+ 与溶液中 I^- 生成了难溶的 CuI 沉淀，使溶液中 $[Cu^+]$ 极小，导致其半反应的电位显著增高，$\varphi^{\ominus}(Cu^{2+}/CuI) = 0.84V$，$Cu^{2+}$ 成了较强的氧化剂。

同理，一种氧化剂能氧化几种还原剂时，则电极电位相差大的两电对首先反应。

例如，往含有 I^-、Br^- 的溶液中加入 CCl_4，再滴加 Cl_2，由于 $\varphi^{\ominus}(Cl_2/Cl^-) = 1.36V$、$\varphi^{\ominus}(Br_2/Br^-) = 1.07V$、$\varphi^{\ominus}(I_2/I^-) = 0.54V$，$\varphi^{\ominus}(Cl_2/Cl^-)$ 与 $\varphi^{\ominus}(I_2/I^-)$ 相差 0.82V，$\varphi^{\ominus}(Cl_2/Cl^-)$ 与 $\varphi^{\ominus}(Br_2/Br^-)$ 相差 0.29V，所以 Cl_2 先与 I^- 反应，在 CCl_4 层中先看到紫红色 I_2，继续滴加 Cl_2 才能看到黄色的 Br_2。因此，两电对的 $\varphi^{\ominus}$ 相差越大，反应越容易进行。

三、判断氧化还原反应进行的程度

在氧化还原滴定中，通常要求氧化还原反应进行得越完全越好，反应的完全程度可从平衡常数看出，氧化还原平衡常数可根据能斯特方程式，从有关电对的标准电位或条件电位求得：

$$n_2Ox_1 + n_1Red_2 \rightleftharpoons n_2Red_1 + n_1Ox_2$$

$$K = \frac{[Ox_2]^{n_1}[Red_1]^{n_2}}{[Red_2]^{n_1}[Ox_1]^{n_2}} \tag{5-3}$$

$$\lg K = \frac{(\varphi_1^{\ominus\prime} - \varphi_2^{\ominus\prime})n_1n_2}{0.059} \tag{5-4}$$

式中 $\varphi_1^{\ominus\prime}$，$\varphi_2^{\ominus\prime}$——分别为氧化剂和还原剂的条件电位（或用标准电位）；

n_1，n_2——氧化剂和还原剂电子转移数。

由式（5-3）可见，平衡常数 K 值的大小是由氧化剂和还原剂两电对的条件电位差值和电子转移数决定的。一般来说，两电对的条件电位差值越大，K 值也越大，反应进行的越完全。K 值或条件电位差值达到多大，反应才能进行完全？按滴定分析的反应完全程度不低于 99.9%，允许误差为 0.1%的要求推算，得出结论：当 $\ln K \geqslant 6$ 或两电对的条件电位

差 $\Delta\varphi^{\ominus\prime} \geqslant 0.4V(n_1=n_2=1)$ 时，反应可进行完全。对于电子转移数为 n_1、n_2 的反应，其通式为 $\lg K \geqslant 3(n_1+n_2)$。

在氧化还原滴定中，常用强氧化剂作为滴定剂，还可控制条件来改变电对的条件电位以满足大于 0.4V 这个条件。

必须注意，两电对的 $\Delta\varphi^{\ominus\prime}$ 相差很大时，反应不一定能定量进行。例如 $K_2Cr_2O_7$ 与 $Na_2S_2O_3$ 的反应，虽然 $\Delta\varphi^{\ominus\prime}$ 很大，但它们之间的反应复杂，没有定量关系。因此，在碘量法中以 $K_2Cr_2O_7$ 作基准物质标定 $Na_2S_2O_3$ 时，不能用两种物质直接发生反应，而是应用间接法标定。

四、氧化还原反应的速率及影响因素

根据氧化还原反应平衡常数或氧化还原电对的条件电位，可以判断氧化还原反应进行的方向和反应的程度，但不能说明反应进行的速率。例如，H_2 和 O_2 生成水的反应，K 值为 10^{41}，但在常温常压下几乎觉察不到反应的进行；只有在点火或有催化剂存在的条件下，反应进行极快，甚至瞬间爆炸。多数氧化还原反应比较复杂，往往是分步进行，各步反应快慢不一，需要一定时间才能完成。例如 H_2O_2 氧化 I^- 的反应是经过三个步骤，$I^- \rightarrow IO^- \rightarrow HIO \rightarrow I_2$，才完成的。

$$H_2O_2 + 2I^- + 2H^+ \longrightarrow I_2 + 2H_2O$$

反应速率将取决于最慢的那一步。

影响氧化还原反应速率的因素有浓度、反应温度、催化剂及诱导反应等。

（一）反应物浓度的影响

由于氧化还原反应机理比较复杂，故不能用总的氧化还原反应式来判断反应物浓度对反应速率的影响程度。但一般来说，反应物的浓度越大，反应速率越快。例如，在酸性溶液中，一定量的 $K_2Cr_2O_7$ 和 KI 反应：

$$Cr_2O_7^{2-} + 6I^- + 14H^+ \longrightarrow 2Cr^{3+} + 3I_2 + 7H_2O$$

此反应速率较慢，增大 I^- 的浓度或提高溶液的酸度，可以使反应速率加快。实验证明，在 0.4mol/L 酸度下，KI 过量约 5 倍，放置 5min，反应即可进行完全。

（二）温度的影响

对大多数反应来说，溶液的温度每升高 10℃，反应速率约增快 2~3 倍。例如，在酸性溶液中，MnO_4^- 与 $C_2O_4^{2-}$ 的反应：

$$2MnO_4^- + 5C_2O_4^{2-} + 16H^+ \longrightarrow 2Mn^{2+} + 8H_2O + 10CO_2$$

室温下反应很慢。如将溶液加热至 75~85℃，反应则大大加快。

应该注意，有些物质具有挥发性（如 I_2）或加热时易被空气氧化（如 Fe^{2+}、Sn^{2+} 等），就不能利用升高溶液温度的办法来增大反应速率，否则会引起误差。

（三）催化剂

对于有些氧化还原反应，可以利用催化剂来改变反应速率。例如，在酸性溶液中，MnO_4^- 与 $C_2O_4^{2-}$ 反应，即使加热到 75~85℃，反应的最初阶段仍然较慢。随着反应的进行，生成物 Mn^{2+} 逐渐增加，反应速率加快。这种由反应生成物本身起催化剂作用的反应称自动催化反应。Mn^{2+} 作为该反应的催化剂，若在反应前加入 Mn^{2+} 作催化剂，则反应开始就是快

速进行的。

（四）诱导反应

有些氧化还原反应在通常情况下并不发生或进行很慢，但在有另一反应进行时会促进这一反应的发生。这种由于一种反应的进行促进另一个反应进行的现象，称为诱导作用。前一反应称为主诱导反应，后者称为受诱导反应，简称诱导反应。例如，MnO_4^- 氧化 Cl^-的速率极慢，溶液中同时存在 Fe^{2+}时，MnO_4^- 与 Fe^{2+}的反应可以加速 MnO_4^- 与 Cl^-的反应。

$$MnO_4^- + 5Fe^{2+} + 8H^+ \longrightarrow Mn^{2+} + 4H_2O + 5Fe^{3+}$$

$$2MnO_4^- + 10Cl^- + 16H^+ \longrightarrow 2Mn^{2+} + 8H_2O + 5Cl_2$$

因此，不宜在盐酸溶液中用 $KMnO_4$ 溶液滴定 Fe^{2+}。实验结果表明，若在溶液中加入大量 Mn^{2+}时，可以防止诱导反应的发生。这样，$KMnO_4$ 测定铁的反应就可以在盐酸溶液中进行。这一点在实际应用中是很重要的。

五、氧化还原滴定法终点的确定

氧化还原滴定过程中，除了用电位法确定终点以外，还可以借用某些物质颜色的变化来确定滴定终点，这类物质就是氧化还原滴定法的指示剂。氧化还原滴定法中常用的指示剂有下列几种类型。

（一）自身指示剂

在氧化还原滴定中，有些标准溶液或被滴定的物质本身有颜色，反应的生成物为无色或颜色很浅，反应物颜色的变化可用来指示滴定终点的到达，这类物质称为自身指示剂。例如，在高锰酸钾法中，高锰酸钾标准溶液本身显紫红色，在酸性溶液中滴定无色或浅色的还原剂时，MnO_4^- 被还原为无色 Mn^{2+}，因而滴定到达化学计量点以后稍微过量的半滴 $KMnO_4$（浓度仅为 2×10^{-6}mol/L）就可以使溶液呈粉红色，以指示滴定终点的到达。

（二）专属指示剂

有些物质本身不具有氧化还原性，但它能与滴定剂或被测组分产生特殊的颜色，从而达到指示滴定终点的目的，这类指示剂称为专属指示剂或显色指示剂。例如，可溶性淀粉与 I_3^- 生成深蓝色吸附化合物，反应特效且灵敏。当 I_2 被还原为 I^-时蓝色消失，因此，可用蓝色的出现或消失指示滴定终点的达到。I_2 溶液的浓度为 10^{-5}mol/L 时即可看到蓝色。因此可溶性淀粉溶液可作为碘量法的专属指示剂。

（三）氧化还原指示剂

这类指示剂本身是较弱的氧化剂或还原剂，其氧化型和还原型具有不同的颜色，在滴定过程中因被氧化或还原而发生颜色的变化，从而指示滴定终点。

由于氧化还原滴定是以个性为主，需要选择指示剂的机会并不多，所以滴定曲线不是重点，对化学计量点时的电极电位 φ_{ep} 只要一般了解。若以 In(Ox) 和 In(Red) 分别表示指示剂的氧化型和还原型，则这一电对的半反应为

$$In(Ox) + ne \rightleftharpoons In(Red)$$

其电位与浓度的关系为：

$$\varphi_{In} = \varphi^{\ominus\prime} + \frac{0.059}{n}\lg\frac{[In(Ox)]}{[In(Red)]}$$

当溶液中电对的电位发生变化时，氧化型和还原型的浓度比也随之改变。与酸碱指示剂的变色情况类似。因此指示剂的变色范围以电位表示为：

$$\varphi^{\ominus\prime} \pm \frac{0.059}{n} \tag{5-5}$$

由此可以看出，指示剂变色的电位范围较小。一般在选择指示剂时，应选其条件电位尽量接进反应化学计量点时的电位。

$$\varphi_{ep} = \frac{n_1\varphi_1^{\ominus} + n_2\varphi_2^{\ominus}}{n_1 + n_2}$$

式中 φ_{ep}——化学计量点时的电位，V；

$\varphi_1^{\ominus}$，$\varphi_2^{\ominus}$——Ox、Red 的条件电位或标准电位，V；

n_1，n_2——Ox、Red 的电子转移数。

φ_{ep}为选择指示剂提供了依据，即 φ_{ep}与 φ_{In}越接近越好。

常用的氧化还原指示剂列于表 5-1。要求是会查表，能选择指示剂即可。

表 5-1 常用的氧化还原指示剂

指示剂	条件电位/V	氧化型颜色变化	还原型颜色变化	配制方法
次甲基蓝	0.53	蓝	无色	0.05%水溶液
二苯胺	0.76	紫	无色	1g 二苯胺溶于 100mL 2%H_2SO_4 中
二苯胺磺酸钠	0.85	紫红	无色	0.8g 二苯胺磺酸钠溶于 100mL
邻苯胺基苯酸	1.08	紫红	无色	0.107g 邻苯胺基苯甲酸溶 20mL 5%Na_2CO_3，用水稀释至 100mL
邻二氮菲一亚铁	1.06	浅蓝	红色	1.485g 邻二氮及 0.965g 硫酸亚铁溶于 100mL 水中

第三节 常用氧化还原滴定法及其应用

一、高锰酸钾（$KMnO_4$）法

（一）滴定反应

高锰酸钾法是利用 $KMnO_4$ 作氧化剂进行滴定分析的方法。$KMnO_4$ 是一种强氧化剂，在不同介质中其氧化能力和所得还原产物有所不同。

在强酸性溶液中：

$$MnO_4^- + 8H^+ + 5e \rightleftharpoons Mn^{2+} + 4H_2O, \quad \varphi^{\ominus} = 1.51V$$

在中性或弱碱性溶液中：

$$MnO_4^- + 2H_2O + 3e \rightleftharpoons MnO_2\downarrow + 4OH^-, \quad \varphi^{\ominus} = 0.595V$$

生成褐色沉淀，影响终点观察；

在强碱性溶液中：

$$MnO_4^- + e \rightleftharpoons MnO_4^{2-}, \quad \varphi^{\ominus} = 0.564V$$

（二）滴定条件

由 $\varphi^{\ominus}$值可知 $KMnO_4$ 在强酸性溶液中氧化能力最强。故 $KMnO_4$ 滴定法一般都在强酸性

溶液中进行。酸度以1~2mol/L为宜。如果酸度过高就会导致$KMnO_4$分解，酸度过低则会生成MnO_2沉淀。调节酸度需要用硫酸，应尽量避免使用盐酸、硝酸和醋酸，因为Cl^-具有还原性，可被MnO_4^-氧化；而硝酸具有氧化性，能氧化被测定的物质；醋酸太弱，酸度不够。

（三）优点

（1）$KMnO_4$氧化能力强，应用范围广。用直接法可以测定许多还原性物质，如Fe^{2+}、As(Ⅲ)、Sb(Ⅲ)、H_2O_2、NO_2^-、$C_2O_4^{2-}$等。用返滴定法可以测定一些氧化性物质，比如测定MnO_2含量时，可在试样的H_2SO_4溶液中加入过量的$Na_2C_2O_4$，待反应完全后，再用$KMnO_4$标准溶液滴定剩余的$C_2O_4^{2-}$。用此类方法还可测定PbO_2、Cr_2O^{2-}、ClO_3^-等。

有些物质不具有氧化还原性，但能与某些氧化剂或还原剂作用，可利用间接滴定法进行测定。例如测定Ca^{2+}时，是先将Ca^{2+}沉淀为CaC_2O_4，再用H_2SO_4将所得沉淀溶解，最后用$KMnO_4$标准溶液滴定溶液中的$C_2O_4^{2-}$，间接求得Ca^{2+}的含量。许多能与$C_2O_4^{2-}$定量反应生成沉淀的离子，Sr^{2+}、Ba^{2+}、Cd^{2+}、Zn^{2+}、Hg^{2+}等都能用此方法测定。

很多有机物在NaOH浓度大于2mol/L的碱性溶液中，也可以用高锰酸钾法测定。这时MnO_4^-被还原为MnO_4^{2-}。

（2）自身指示剂，可减少误差。

MnO_4^-本身有颜色，浓度为2×10^{-6}mol/L的溶液即显示为粉红色。因此用它滴定无色或浅色溶液时，一般不需另加指示剂。若在很稀的溶液中滴定时，可以加二苯胺磺酸钠指示剂。

（四）缺点

试剂中含有少量杂质，故溶液不够稳定；因为$KMnO_4$的氧化能力强，可以和很多还原性物质作用，所以干扰也比较严重。

（五）标准滴定溶液

1. 配制

纯$KMnO_4$溶液很稳定，但市售$KMnO_4$的纯度仅在99%左右，试剂中常含有少量杂质，如MnO_2、硫酸盐、氯化物、硝酸盐等。一般先配成近似浓度的溶液，再进行标定。由于蒸馏水中通常含有微量的还原性物质，故能与MnO_4^-反应，析出$MnO(OH)_2$沉淀，与MnO_2又能进一步促进$KMnO_4$溶液的分解。此外，外界因素热、光等也能促进$KMnO_4$的分解。

为了配制比较稳定的$KMnO_4$溶液，采用以下步骤：

（1）可称取稍微多于计算用量的$KMnO_4$，溶于一定量的蒸馏水中，将溶液缓缓煮沸15min（或1h），冷却并储于棕色瓶中放置两周（或2~3天），完全氧化溶液中可能存在的还原性物质。

（2）用微孔玻璃漏斗过滤除去沉淀物，将溶液储存于干净且干燥的棕色瓶中，放置暗处保存。

如果需要较稀的$KMnO_4$溶液，可用蒸馏水将$KMnO_4$溶液临时稀释和标定后使用，$KMnO_4$溶液不宜长期储存。

2. 标定

标定$KMnO_4$溶液的基准物质有$Na_2C_2O_4$、$H_2C_2O_4\cdot2H_2O$、$(NH_4)_2Fe(SO_4)_4\cdot6H_2O$和纯铁

丝等，其中最常用的是 $Na_2C_2O_4$。$Na_2C_2O_4$ 易提纯、稳定，在105~110℃烘2h，即可使用。

$Na_2C_2O_4$ 在 H_2SO_4 溶液中与 $KMnO_4$ 反应如下：

$$2MnO_4^- + 5C_2O_4^{2-} + 16H^+ \longrightarrow 2Mn^{2+} + 8H_2O + 10CO_2\uparrow$$

为加速反应定量进行，应注意下列滴定条件：

（1）温度。此反应在室温下速率缓慢，需将 $Na_2C_2O_4$ 溶液加热至75~85℃再进行滴定。若超过90℃，$H_2C_2O_4$ 会部分分解，导致标定结果偏高；临近终点时溶液的温度不能低于65℃，否则反应不完全。

$$H_2C_2O_4 \xrightarrow{>90℃} H_2O + CO_2\uparrow + CO\uparrow$$

（2）酸度。溶液应保持足够的酸度，一般在滴定开始时酸度约为0.5~1mol/L。酸度不够时，容易生成 MnO_2；酸度过高时，则会促使 $H_2C_2O_4$ 分解。

（3）滴定速度。MnO_4^- 与 $C_2O_4^{2-}$ 反应，开始很慢，当有 Mn^{2+} 生成以后，反应会逐渐加快。因此开始滴定时，加入第一滴 $KMnO_4$ 溶液褪色后，再加第二滴，待滴入溶液迅速褪色时，则可以加快速度。但不能像流水似的滴下去，否则加入的 $KMnO_4$ 溶液来不及与 $C_2O_4^{2-}$ 反应，就在热的酸性溶液中分解了。

$$4MnO_4^- + 12H^+ \longrightarrow 4Mn^{2+} + 6H_2O + 5O_2\uparrow$$

（4）滴定终点。用 $KMnO_4$ 溶液滴定至溶液呈淡粉红色30s不褪色即为滴定终点。如果时间过长，空气中还原性物质、尘埃等杂质落入溶液中会使 $KMnO_4$ 分解而褪色。

标定好的 $KMnO_4$ 溶液在使用和放置一段时间后，如果发现有 $MnO(OH)_2$ 沉淀析出，应重新过滤并标定。

（六）应用实例

（1）过氧化氧含量的测定——直接滴定。纯 H_2O_2 为无色稠厚液体，呈弱酸性，保存中能自行分解：

$$2H_2O_2 \longrightarrow 2H_2O + O_2\uparrow$$

其稳定性会随溶液的稀释程度而增加。工业产品又名双氧水，氧化剂、漂白剂中 H_2O_2 含量一般为30%。H_2O_2 在酸性溶液中，可用 $KMnO_4$ 标准溶液直接滴定，反应为：

$$2MnO_4^- + 5H_2O_2 + 6H^+ \longrightarrow 2Mn^{2+} + 8H_2O + 5O_2\uparrow$$

滴定开始时反应较慢，待生成 Mn^{2+} 后滴定可稍快些，若在滴定前加入少许 Mn^{2+} 作催化剂，可以加快反应速率。

工业产品双氧水中一般都加入稳定剂，这些物质大多能与 $KMnO_4$ 作用而使测定结果偏高。此时可改用其他氧化还原法测定。

（2）软锰矿中 MnO_2 含量测定——返滴定。软锰矿的主要成分是 MnO_2，它不仅是锰的来源，还是工业的氧化剂，由 MnO_2 的含量决定其氧化能力的大小。

测定 MnO_2 的方法是在酸性溶液中 MnO_2 与过量的 $Na_2C_2O_4$ 反应，加热溶解，然后用 $KMnO_4$ 标准滴定溶液滴定剩余的 $C_2O_4^{2-}$，反应如下：

$$MnO_2 + C_2O_4^{2-} + 4H^+ \longrightarrow Mn^{2+} + 2H_2O + 2CO_2\uparrow$$

$$2MnO_4^- + 5C_2O_4^{2-} + 16H^+ \longrightarrow 2Mn^{2+} + 8H_2O + 10CO_2\uparrow$$

$Na_2C_2O_4$ 一般应比理论计算量多0.2g，约消耗30mL $KMnO_4$ 标准滴定溶液。试样须磨细，一般在15min内即可完全溶解，以无黑色颗粒为标准。溶解时，试样应盖上表面皿徐徐加热，防止 $H_2C_2O_4$ 分解，造成结果偏高。

（3）石灰石中氧化钙含量的测定——间接滴定法。石灰石试样溶于酸后，在弱碱性条件下 Ca^{2+} 与 $C_2O_4^{2-}$ 生成 CaC_2O_4 沉淀，经过滤洗涤后，将沉淀溶于 H_2SO_4 溶液中，然后用 $KMnO_4$ 标准滴定溶液滴定溶液中的 $H_2C_2O_4$。反应如下：

$$Ca^{2+} + C_2O_4^{2-} \longrightarrow CaC_2O_4 \downarrow$$

$$CaC_2O_4 + 2H^+ \longrightarrow Ca^{2+} + H_2C_2O_4$$

$$5H_2C_2O_4 + 2MnO_4^- + 6H^+ \longrightarrow 2Mn^{2+} + 8H_2O + 10CO_2 \uparrow$$

沉淀 Ca^{2+} 时，是在石灰石溶于酸后加入过量的 $(NH_4)_2C_2O_4$ 沉淀剂，然后用稀氨水中和至甲基橙显黄色，并放置一段时间。这样操作的目的是得到颗粒较大的晶形沉淀（均相沉淀），便于过滤和洗涤。

过滤后，必须洗净沉淀表面吸附的 $C_2O_4^{2-}$，否则测定结果偏高。用冷水，并采用“少量多次”的方法洗涤沉淀可以减少洗涤时沉淀溶解的损失。

（4）某些有机物的测定。在碱性溶液中，过量的 $KMnO_4$ 能定量地氧化某些有机物，如甘油、甲酸、甲醇等。例如用高锰酸钾法测定甲醇，可将一定过量的 $KMnO_4$ 标准溶液加到碱性试样中，其反应如下：

$$CH_3OH + 6MnO_4^- + 8OH^- \longrightarrow CO_3^{2-} + 6MnO_4^{2-} + 6H_2O$$

待反应完成后，将溶液酸化，用 $FeSO_4$ 标准溶液滴定，使所有高价锰还原为 Mn^{2+}，即可算出消耗 $FeSO_4$ 的物质的量。同样可计算出反应前加入的 $KMnO_4$ 标准溶液相当于 $FeSO_4$ 物质的量，由两者差值即可求出甲醇含量。应用本方法还能测定水中有机污染物的含量、化学耗氧量等。

二、重铬酸钾（$K_2Cr_2O_7$）法

（一）滴定反应

重铬酸钾是一种常用的强氧化剂，在酸性溶液中与还原剂作用，被还原为 Cr^{3+}。

$$Cr_2O_7^{2-} + 14H^+ + 6e \rightleftharpoons 2Cr^{3+} + 7H_2O, \quad \varphi^{\ominus} = 1.33V$$

（二）滴定条件

在低于 3mol/L 的 HCl 介质中进行。

（三）优点

（1）$K_2Cr_2O_7$ 易提纯，基准试剂 $K_2Cr_2O_7$ 在 120℃ 烘至质量恒定，就可以准确称量，并且直接配制标准滴定溶液，不需要标定；

（2）$K_2Cr_2O_7$ 标准滴定溶液相当稳定，可以长期保存，浓度不变；

（3）室温下，当 HCl 溶液浓度低于 3mol/L 时，Cl^- 不被 $Cr_2O_7^{2-}$ 氧化，故可在 HCl 溶液中进行滴定。但 HCl 溶液的浓度较大或将溶液煮沸时 Cl^- 也能还原部分 $K_2Cr_2O_7$。

$K_2Cr_2O_7$ 的氧化能力比 $KMnO_4$ 稍弱。

$K_2Cr_2O_7$ 作滴定剂，必须使用指示剂确定终点。二苯胺磺酸钠或邻苯氨基苯甲酸是常用的指示剂。

（四）应用实例

以下介绍铁矿石中全铁量的测定。

铁含量的测定方法主要是氯化亚锡-氯化汞-重铬酸钾法。此法的优点是准确度高、测定速度快；缺点氯化汞为剧毒物质。近年来多采用三氯化钛-重铬酸钾法，分析准确度也较高，且无毒。

1. 氯化亚锡-氯化汞-重铬酸钾法

试样一般用 HCl 加热分解，在热的浓 HCl 溶液中，Fe^{3+} 被 $SnCl_2$ 还原为 Fe^{2+}，再用 $HgCl_2$ 除去多余的 $SnCl_2$。在硫、磷混酸介质中，二苯胺磺酸钠作指示剂，用 $K_2Cr_2O_7$ 标准滴定溶液滴定至溶液由绿色变为蓝紫色，为终点。

（1）溶样：

$$Fe_2O_3 + 6HCl \longrightarrow 2FeCl_3 + 3H_2O$$

溶样时应加热促其溶解，但温度不宜过高以防 $FeCl_3$ 挥发，致使结果偏低。

（2）还原：

$$2Fe^{3+} + Sn^{2+} \longrightarrow 2Fe^{2+} + Sn^{4+}$$

在热的浓 HCl 溶液中，滴加 $SnCl_2$ 溶液，并稍过量使 Fe^{3+} 完全还原成 Fe^{2+}，溶液由黄色变为无色。

（3）除去多余的 $SnCl_2$：

$$Sn^{2+} + 2HgCl_2 \longrightarrow Sn^{4+} + 2Cl^- + Hg_2Cl_2\downarrow$$

多余的 $SnCl_2$ 能与 $K_2Cr_2O_7$ 作用，用 $HgCl_2$ 将 Sn^{2+} 氧化为 Sn^{4+}，溶液出现白色丝状 Hg_2Cl_2 沉淀。若出现黑色，是由于 $SnCl_2$ 过多，继续将部分 Hg_2Cl_2 还原成 Hg 所致：$Sn^{2+} + Hg_2Cl_2 \rightarrow 2Hg\downarrow + Sn^{4+} + 2Cl^-$。大量 Hg_2Cl_2 和 Hg 会显著消耗 $K_2Cr_2O_7$，使结果偏高。若发现有灰黑色 Hg，应重新溶解试样，另行测定。

$HgCl_2$ 应一次迅速加入溶液中，避免形成的 Hg_2Cl_2 与溶液中尚存有的 $SnCl_2$ 反应生成 Hg。

（4）滴定：

$$6Fe^{2+} + Cr_2O_7^{2-} + 14H^+ \longrightarrow 6Fe^{3+} + 2Cr^{3+} + 7H_2O$$

滴定过程中不断有 Fe^{3+} 生成，在 HCl 介质中为黄色。加入硫-磷混酸可使 Fe^{3+} 生成无色的配合物 $Fe(HPO_4)_2^-$，消除黄色对终点观察的干扰；同时由于 Fe^{3+} 生成配合物降低了 Fe^{3+} 的浓度，从而降低 Fe^{3+}/Fe^{2+} 电对的电位，可使滴定突跃开始部分降低，滴定突跃范围增大（起始点由原来的 0.86 降到 0.71），二苯胺磺酸钠指示剂能较好地在突跃范围内显色。

2. 三氯化钛-重铬酸钾法

试样用酸溶解后，趁热用 $SnCl_2$ 还原大部分 Fe^{3+}，以钨酸钠为指示剂，再用 $TiCl_3$ 还原剩余的 Fe^{3+}。当 Fe^{3+} 全部还原为 Fe^{2+} 离子后，过量一滴 $TiCl_3$ 溶液使钨酸钠还原为五价钨的化合物（俗称钨蓝）而使溶液呈蓝色。然后滴入 $K_2Cr_2O_7$ 溶液使钨蓝恰好褪色。溶液中的 Fe^{2+}，以二苯胺磺酸钠为指示剂，用 $K_2Cr_2O_7$ 标准滴定溶液滴定至紫色为终点。Ti^{3+} 还原 Fe^{3+} 的反应为：

$$Fe^{3+} + Ti^{3+} \longrightarrow Fe^{2+} + Ti^{4+}$$

通过 $Cr_2O_7^{2-}$ 和 Fe^{2+} 的反应，还可以测定其他氧化性或还原性物质。例如，水的化学耗氧量（COD）反映了水体受还原性物质（包括无机物和有机物）污染的程度。测定 COD

是在强酸性条件下，往水样中加入过量的 $K_2Cr_2O_7$ 标准溶液，以 Ag_2SO_4 为催化剂加热回流一定时间，充分氧化水中的有机物及还原性物质，然后用硫酸亚铁铵标准溶液返滴定剩余的 $K_2Cr_2O_7$。根据水样消耗 $K_2Cr_2O_7$ 的量计算出化学耗氧量。利用间接滴定法还可测定一些非氧化还原性物质。例如 Pb^{2+} 或 Ba^{2+} 的测定，先沉淀为铬酸盐，经过滤洗涤后溶解于酸中，以 Fe^{2+} 标准滴定溶液直接滴定或加入过量 Fe^{2+} 标准滴定溶液，剩余 Fe^{2+} 用 $K_2Cr_2O_7$ 标准滴定溶液滴定。

三、碘量法

（一）方法概述

碘量法是利用 I^- 的还原性和 I_2 的氧化性进行滴定的方法。固态 I_2 在水中的溶解度很小（0.0133mol/L），且易于挥发。通常是将 I_2 溶解在 KI 溶液中以 I_3^- 形式存在，一般仍简写为 I_2。碘量法的基本反应为：

$$I_2 + 2e^- \rightleftharpoons 2I^-, \quad \varphi^\ominus = 0.54V$$

I_2 是较弱的氧化剂，只能与较强的还原剂作用；而 I^- 是中等强度的还原剂，故能与许多氧化剂作用。因此碘量法有直接和间接两种方式进行滴定。

1. 直接碘量法

直接碘量法也称碘滴定法，是在微酸性或近中性溶液中，利用 I_2 标准滴定溶液的氧化性直接滴定较强的还原性物质（$\varphi^\ominus < 0.54V$），如 S^{2-}、SO_3^{2-}、$S_2O_3^{2-}$、AsO_3^{3-}、SbO_3^{2-}、Sn^{2+}等。

直接碘量法不能在碱性溶液中进行滴定，因为 pH>9 时碘会发生歧化反应：

$$3I_2 + 6OH^- \longrightarrow IO_3^- + 5I^- + 3H_2O$$

这样会给测定带来误差，在酸性溶液中，也只有少数还原能力强、不受 H^+离子浓度影响的物质才能发生定量反应。所以，直接碘量法的应用受到一定的限制。

2. 间接碘量法

间接碘量法又称滴定碘法，是利用 I^- 的还原性，与 $\varphi^\ominus$ 大于 0.54 的氧化性物质反应，定量地析出 I_2，然后用 $Na_2S_2O_3$ 标准滴定溶液滴定析出的 I_2。例如 $K_2Cr_2O_7$ 的测定：

$$Cr_2O_7^{2-} + 6I^- + 14H^+ \longrightarrow 2Cr^{3+} + 3I_2 + 7H_2O$$

$$I_2 + 2S_2O_3^{2-} \longrightarrow 2I^- + S_4O_6^{2-}$$

利用这一方法可以测定许多氧化性物质，如 Cu^{2+}、H_2O_2、NO_2^-、ClO^-、ClO_3^-、SbO_4^{3-}、AsO_4^{3-}、BrO_3^-、IO_3^-、CrO_4^{2-}、MnO_4^-、MnO_2 等；还可测定能与 CrO_4^{2-} 生成沉淀的 Pb^{2+}、Ba^{2+}等。

（二）指示剂

碘量法常用淀粉作指示剂。在有 I^-存在下，淀粉与 I_2 作用生成蓝色吸附物，且反应灵敏度很高，即使在 5×10^{-6}mol/L 的 I_3 溶液中也能看出蓝色，并且随 I^-的浓度增大灵敏度增高，随温度的升高或有甲醇、乙醇等存在而降低。在弱酸性溶液中淀粉指示剂最为灵敏，酸度过高（pH<2）时，淀粉水解成糊精，遇 I_2 显紫色或红色；若 pH>9，则 I_2 生成 IO_3^-，遇淀粉不显蓝色。

淀粉溶液应取直链可溶性淀粉，使用前配制。配制时加热不宜过长，迅速冷却，以免灵敏度降低；若放置时间过长，会慢慢水解，与 I_2 形成的化合物呈紫色或红色，在用 $Na_2S_2O_3$ 滴定时褪色慢，终点不敏锐。

直接碘量法以蓝色出现确定滴定终点，间接碘量法以蓝色消失指示滴定终点，在间接碘量法中，淀粉指示剂应在滴定近终点时加入，以防止淀粉胶粒包裹较多的 I_2，终点时蓝色不易消失而影响终点的确定及测定结果的准确度。

（三）反应条件

1. 控制溶液酸度

$S_2O_3^{2-}$ 与 I_2 的反应是在中性或弱酸性溶液中进行的，因为在碱性溶液中，$S_2O_3^{2-}$ 能被 I_2 氧化成 SO_4^{2-}；I_2 也会发生歧化反应。

$$S_2O_3^{2-} + 4I_2 + 10OH^- \longrightarrow 2SO_4^{2-} + 8I^- + 5H_2O$$

$$3I_2 + 6OH^- \longrightarrow IO_3^- + 5I^- + 3H_2O$$

在酸性溶液中，$Na_2S_2O_3$ 会分解；I^- 也容易被空气中的 O_2 所氧化。

$$S_2O_3^{2-} + 2H^+ \longrightarrow SO_2 + S\downarrow + H_2O$$

$$4I^- + 4H^+ + O_2 \longrightarrow 2I_2 + 2H_2O$$

2. 防止 I_2 挥发

碘量法的误差来源主要有两个方面：一是碘易挥发，二是在酸性溶液中空气中的 O_2 易氧化 I^-。为此，应采用适当的措施，以保证分析结果的准确度。

（1）加入过量的 KI（一般比理论值大 2~3 倍），由于生成了 I_3^-，可减少 I_2 的损失。

（2）反应时溶液的温度不能高，一般在室温下进行。

（3）滴定开始时溶液不要剧烈摇动，尽量轻摇、慢摇，但是必须摇匀，局部过量的 $Na_2S_2O_3$ 会自行分解；当 I_2 的黄色已经很浅时，加入淀粉指示液后再充分摇动。

（4）间接碘量法的滴定反应要在碘量瓶中进行。为使反应完全，加入 KI 后要放置于暗处避免阳光照射，时间一般 5~10min，放置时用水封。

3. 防止 I^- 被空气氧化

（1）溶液的酸度不宜太高，否则会增加 I^- 被空气氧化的速率。

（2）Cu^{2+}、NO_2^- 等催化空气对 I^- 的氧化，应设法消除干扰。

（3）析出 I_2 后，一般应立即用 $Na_2S_2O_3$ 标准溶液滴定。

（4）滴定速度要适当快些。

（四）标准滴定溶液

碘量法中常使用 $Na_2S_2O_3$ 和 I_2 两种标准滴定溶液。

1. 硫代硫酸钠标准滴定溶液

固体 $Na_2S_2O_3 \cdot 5H_2O$ 一般都含有少量 S、SO_3^{2-}、SO_4^{2-}、CO_3^{2-}、Cl^- 等杂质，且易风化，应配制成近似浓度的溶液后，再进行标定。

$Na_2S_2O_3$ 溶液不稳定，浓度易改变，有以下主要原因。

（1）溶解的 CO_2 的作用。水中溶解的 CO_2 可使 $Na_2S_2O_3$ 分解：

$$Na_2S_2O_3 + H_2CO_3 \longrightarrow NaHSO_3 + NaHCO_3 + S\downarrow$$

反应在配成溶液的10天内进行，故配制好的溶液要在暗处放置10天后再标定。

（2）空气中O_2的作用。$Na_2S_2O_3$被空气中O_2氧化，溶液的浓度降低。

$$2S_2O_3^{2-} + O_2 \longrightarrow 2SO_4^{2-} + 2S\downarrow$$

水中微量的Cu^{2+}或Fe^{3+}也能促进$S_2O_3^{2-}$溶液的氧化。

（3）微生物的作用。水中的细菌会促进$S_2O_3^{2-}$溶液的分解，这是$Na_2S_2O_3$溶液浓度变化的主要原因。

$$S_2O_3^{2-} \xrightarrow{\text{细菌}} SO_3^{2-} + S\downarrow$$

（4）光线促进$Na_2S_2O_3$分解。配制$Na_2S_2O_3$标准溶液时要煮沸蒸馏水（驱除CO_2、O_2，杀死细菌），并加入少量$Na_2S_2O_3$使溶液呈弱碱性，必要时加入一点防腐剂HgI_2，以防止$Na_2S_2O_3$分解，配好的溶液应储存于棕色瓶中，置于暗处放置2周后过滤，再进行标定。已标定好的溶液经过一段时间后应重新标定。若发现溶液变浑浊（S析出），应弃去，重新配制。

标定$Na_2S_2O_3$溶液的基准物质有$K_2Cr_2O_7$、KIO_3、$KBrO_3$及纯碘等，除碘外，其他物质都是在酸性溶液中与KI作用析出I_2，再用$Na_2S_2O_3$溶液滴定。$K_2Cr_2O_7$是最常用的基准物，反应如下：

$$Cr_2O_7^{2-} + 6I^- + 14H^+ \longrightarrow 2Cr^{3+} + 3I_2 + 7H_2O$$

$$I_2 + 2S_2O_3^{2-} \longrightarrow 2I^- + S_4O_6^{2-}$$

$K_2Cr_2O_7$与KI反应慢，应注意下列条件。

（1）溶液的酸度越大，反应越快，但是酸度太大时，I^-容易被空气中的O_2氧化，所以通常保持酸度0.4mol/L为宜。

（2）提高I^-的浓度可加速反应，同时I_2形成I_3^-，减少I_2挥发，KI的用量应为理论计算量的2~3倍。

（3）在暗处放置5~10min，等待反应完全。

滴定时，应保持溶液为弱酸性或近中性。因此在滴定之前用蒸馏水稀释以降低其酸度，同时还可以减少Cr^{3+}的绿色对终点的影响。用$Na_2S_2O_3$溶液滴定至溶液呈浅黄绿色（少量I_2与Cr^{3+}的混合色），加入淀粉，再继续滴定至溶液由蓝色变为亮绿色即为终点。

滴定至终点后，经过5~10min，溶液又会出现蓝色，这是由于空气氧化I^-所引起的，属正常现象。若滴定至终点后溶液迅速变蓝，可能是酸度不足或放置时间不够造成的，应弃去重做。

2. 碘标准滴定溶液

虽然用升华法可制得纯碘，但由于碘具有挥发性和腐蚀性，不易在分析天平上准确称量，所以通常用间接法配制。

碘微溶于水（每升水中约溶解0.3g），易溶于KI溶液中形成I_3^-。

$$I_2 + I^- \longrightarrow I_3^-$$

配制时，应将I_2、KI与少量水一起研磨溶解，再用水稀释配成近似浓度的溶液。碘溶液应储于棕色瓶中保存；防止见光、遇热和与橡皮等有机物接触，以免浓度发生变化。

标定碘溶液常用基准物质是三氧化二砷，使用前应在硫酸干燥器中干燥至质量恒定。注意As_2O_3为剧毒物品。As_2O_3难溶于水，但易溶于碱性溶液中生成亚砷酸盐。

$$As_2O_3 + 6OH^- \longrightarrow 2AsO_3^{3-} + 3H_2O$$

以 I_2 溶液滴定时，反应为：

$$AsO_3^{3-} + I_2 + H_2O \rightleftharpoons AsO_4^{3-} + 2I^- + 2H^+$$

此反应是可逆的。为使反应完全，可加固体 $NaHCO_3$ 中和反应生成的 H^+，保持溶液 pH＝8 左右。

碘溶液还可与 $Na_2S_2O_3$ 标准滴定溶液进行“比较”，以测定其浓度。

（五）应用实例

1. 维生素 C 含量的测定

维生素 C 又名抗坏血酸，简称 Vc，分子式为 $C_6H_8O_6$。维生素 C 是预防和治疗坏血病及促进身体健康的药品，也是分析中常用的掩蔽剂。Vc 为白色或略带淡黄色的结晶粉末，溶于水呈酸性，在空气中易被氧化变黄。

维生素 C 中的烯二醇基（HO—C＝C—OH）具有还原性，可被 I_2 氧化为二酮基（O＝C—C＝O），所以可以用 I_2 标准滴定溶液直接滴定。试样要用煮沸后冷却的蒸馏水溶解。但由于维生素 C 的还原性较强，在空气中易被氧化，特别是在碱性溶液中更甚，所以滴定时一般加入一些 HAc，使溶液保持弱酸性，以减少维生素 C 受 I_2 以外其他氧化剂作用的影响，造成分析结果偏低。

2. 铜的测定

碘量法测定铜是基于 Cu^{2+} 与过量 KI 反应析出 I_2，用 $Na_2S_2O_3$ 标准滴定溶液滴定。

$$2Cu^{2+} + 4I^- \longrightarrow 2CuI\downarrow + I_2$$

$$I_2 + 2S_2O_3^{2-} \longrightarrow 2I^- + S_4O_6^{2-}$$

在反应中，KI 既是还原剂（还原 Cu^{2+}）、沉淀剂（Cu^{2+} 还原后形成 CuI），又是配位剂（溶解 I_2 形成 I_3^-）。

Cu^{2+} 与 I^- 的反应必须在弱酸性溶液中（pH＝3～4）进行。酸度过高，I^- 易被氧化为 I_2；酸度过低，Cu^{2+} 会水解生成沉淀。通常用 H_2SO_4 或 HAc 控制溶液的酸度。另外，试液中若有 Fe^{3+}，对测定铜有干扰，因为 Fe^{3+} 能氧化 I^-，使测定结果偏高，一般可加入 NaF 掩蔽 Fe^{3+}，排除干扰。

由于 CuI 沉淀强烈地吸附 I_2，致使分析结果偏低。如果在大部分 I_2 被 $Na_2S_2O_3$ 还原后，加入 KSCN 使 CuI 转化为溶解度更小的 CuSCN 沉淀，而 CuSCN 沉淀吸附 I_2 的倾向较小，可以减少误差。KSCN 只能在接近终点时加入，否则 SCN^- 可能被氧化而使结果偏低。

例如，胆矾中 $CuSO_4 \cdot 5H_2O$ 含量的测定。

工业胆矾的主要成分是 $CuSO_4 \cdot 5H_2O$，为蓝色结晶，含有亚铁、高铁、锌、镁等硫酸盐杂质，纯度为 93%～98%。胆矾于 200℃时可失去全部结晶水成为白色 $CuSO_4$ 粉末。

试样溶于水后，为了防止铜盐水解，反应必须在 H_2SO_4 酸性溶液中进行，一般控制 pH 在 3～4。酸度过高，则 I^- 被空气氧化为 I_2 的反应被 Cu^{2+} 催化而加速，使结果偏高。为避免大量 Cl^- 与 Cu^{2+} 形成配合物 $CuCl_3^-$、$CuCl_4^{2-}$，不能加 HCl 控制酸度。

Fe^{3+} 对测定有干扰，能将 I^- 氧化成 I_2，可加入 NH_4HF_2 与之形成稳定的 FeF_6^{3-}，使

Fe^{3+}/Fe^{2+}电对的电位降低，而失去氧化 I^- 的能力。

此法也可用于铜矿、铜电镀液、铜合金中铜的测定。

单元小结

一、氧化还原滴定反应必备的条件

（1）反应必须符合化学计量关系式，无副反应。

（2）反应定量进行，$\Delta\varphi^\ominus \geq 0.4V(n_1=n_2=1)$ 时，$\lg K$ 越大越好。

（3）反应速度必须足够快，可通过改变氧化剂-还原剂浓度、酸度、温度和催化剂等方法提高。

（4）有适当的方法确定化学计量点。

$KMnO_4$ 法——自身指示剂；

碘量法——专属指示剂淀粉；

$K_2Cr_2O_7$ 法——选 Ox-Red 指示剂，变色范围 $\varphi^\ominus \pm \frac{0.059}{n}$ 与化学计量点 $\varphi_{ep}=\frac{n_1\varphi_1^\ominus+n_2\varphi_2^\ominus}{n_1+n_2}$ 越接近越好。

二、能斯特方程式 φ 的 $\varphi^\ominus$、$\varphi^{\ominus\prime}$ 关系

$$\varphi=\varphi^\ominus+\frac{0.059}{n}\lg\frac{[Ox]}{[Red]}$$

$\varphi^\ominus$（理论值）与 $\varphi^{\ominus\prime}$（实际值）的关系同 K_{MY} 与 K'_{MY} 的关系相似。

三、φ 的用途

（1）判断氧化还原反应的方向。$\varphi^\ominus$ 大的作氧化剂，$\varphi^\ominus$ 小的作还原剂。

（2）判断次序。

$\Delta\varphi^\ominus$ 相差越大，反应越容易进行。

$\Delta\varphi^\ominus$ 相差大的两电对先反应，$\Delta\varphi^\ominus$ 相差小的两电对后反应。

（3）判断程度。

$$\lg K=\frac{(\varphi_1^{\ominus\prime}-\varphi_2^\ominus)n_1n_2}{0.059}$$

$\Delta\varphi^\ominus \geq 0.4V$ 反应进行完全。

（4）反应速度。

影响反应速度的因素有反应物浓度、酸度、温度、催化剂。

四、常用的氧化还原滴定法

方法名称	$KMnO_4$	$K_2Cr_2O_7$	碘量法
标准溶液	0.1mol/L 间接配制	0.1mol/L 直接配制	0.1mol/L 间接配制

续表

方法名称	$KMnO_4$	$K_2Cr_2O_7$	碘量法	
反应实质	$MnO_4^- + 8H^+ + 5e \rightleftharpoons Mn^{2+} + 4H_2O$	$Cr_2O_7^{2-} + 14H^+ + 6e \rightleftharpoons 2Cr^{3+} + 7H_2O$	$I_2 + 2e^- \rightleftharpoons 2I^-$	$I_2 + 2S_2O_3^{2-} \rightarrow 2I^- + S_4O_6^{2-}$
基本单元	$1/5KMnO_4$	$1/6K_2Cr_2O_7$	$1/2I_2$	$Na_2S_2O_3$
指示剂	自身指示剂	二苯胺磺酸钠	淀粉	
终点	无色→粉红色	无色→紫色	无色→蓝色	蓝色→无色
反应条件	H_2SO_4 介质	HCl 介质	微酸或近中性	
适用	$\varphi^{\ominus} < 1.54V$	$\varphi^{\ominus} < 1.36V$	$\varphi^{\ominus} < 0.54V$	$\varphi^{\ominus} > 0.54V$
应用实例	直接法测 H_2O_2 返滴定 MnO_2	直接法测 Fe^{2+} 返滴定水中 COD	直接法测 Vc 间接法测 Cu	

五、碘量法减少误差措施——防止 I_2 挥发

（1）加入过量 KI（理论值的 2~3 倍）形成 I_3^-；

（2）室温下进行；

（3）在碘量瓶中进行；

（4）避免阳光直射；

（5）快速滴定。

单元习题

一、选择题

1. 从有关电对的电极电位判断氧化还原反应进行方向的正确方法是（　　）。

A. 某电对高的氧化态可以氧化电位比它低的另一电对的还原态

B. 作为一种氧化剂，它可以氧化电位比它高的还原态

C. 电对的电位越高，其还原态的还原能力越强

D. 电对的电位越低，其氧化态的氧化能力越强

2. 标定 $KMnO_4$，标准溶液时，常用的基准物质是（　　）。

A. $K_2Cr_2O_7$　　B. $Na_2C_2O_4$　　C. $Na_2S_2O_3$　　D. KIO_3

3. 在酸性介质中，用 $KMnO_4$ 溶液滴定草酸盐溶液时，滴定应（　　）。

A. 像碱滴定那样快速进行

B. 在开始时缓慢，以后逐步加快，近终点时又减慢滴定速度

C. 始终缓慢进行

D. 开始时快，然后减慢

4. 在 H_3PO_4 存在下的 HCl 溶液中，用 0.1mol/L $K_2Cr_2O_7$ 溶液滴定 0.1mol/L Fe^{2+} 溶液时，已知化学计量点的电位为 0.86V。最合适的指示剂为（　　）。

A. 亚甲基蓝（$\varphi^{\ominus}=0.36V$）　　B. 二苯胺磺酸钠（$\varphi^{\ominus}=0.84V$）

C. 二苯胺（$\varphi^{\ominus}=0.76V$）　　D. 邻二氮菲亚铁（$\varphi^{\ominus}=1.06V$）

5. 在间接碘量法中，加入淀粉指示剂的适宜时间是（　　）。

A. 滴定开始时　　B. 滴定近终点时

C. 滴入标准溶液近 50%时　　D. 滴入标准溶液至 80%时

6. 测定铁矿石中铁含量时，加入磷酸的主要目的是（　　）。

A. 加快反应速率　　B. 提高溶液的酸度

C. 防止析出 $Fe(OH)_3$ 沉淀　　D. 使 Fe^{2+} 生成无色的配离子，便于终点观察

7. 假定某物质 A，其摩尔质量为 M_A，与 MnO_4^- 反应如下：$5A+2MnO_4^-+\cdots\rightarrow 2Mn^{2+}+\cdots$。在此反应中，A 与 MnO_4^- 的物质，之比为（　　）。

A. 5∶2　　B. 2∶5　　C. 1∶2　　D. 1∶2.5

8. 洗涤被 $KMnO_4$ 溶液污染的滴定管应用下列溶液中的（　　）。

A. 铬酸洗染液　　B. Na_2CO_3　　C. 洗衣粉　　D. H_2CO_4

9. 在滴定反应 $Cr_2O_7^{2-}+6Fe^{2+}+14H^+\rightarrow 2Cr^{3+}+6Fe^{3+}+7H_2O$ 中，达到化学计量点时，下列各种说法中正确的是（　　）。

A. 溶液中 $c(Fe^{3+})$ 与 $c(Cr^{3+})$ 相等

B. 溶液中不存在 Fe^{2+} 和 $Cr_2O_7^{2-}$

C. 溶液中两个电对 Fe^{3+}/Fe^{2+} 和 $Cr_2O_7^{2-}/Cr^{3+}$ 的电位相等

D. 溶液中两个电对 Fe^{3+}/Fe^{2+} 和 $Cr_2O_7^{2-}/Cr^{3+}$ 的电位不等

10. 用同一高锰酸钾溶液分别滴定两份体积相等的 $FeSO_4$ 和 $H_2C_2O_4$ 溶液，如果消耗的体积相等，则说明这两份溶液的浓度 c(mol/L) 关系是（　　）。

A. $c(FeSO_4)=2c(H_2C_2O_4)$　　B. $c(H_2C_2O_4)=2c(FeSO_4)$

C. $c(FeSO_4)=c(H_2C_2O_4)$　　D. $c(FeSO_4)=4c(H_2C_2O_4)$

11. 碘量法的滴定条件为（　　）。

A. 中性溶液　　B. 碱性溶液　　C. 酸性溶液

12. 碘量法测定维生素 C 含量的方法是（　　）。

A. 直接碘量法　　B. 间接碘量法　　C. 返滴定法

13. 为防止维生素 C 被空气和水中氧氧化，可在溶液中加入（　　）。

A. 淀粉溶液　　B. 醋酸溶液　　C. 硫酸溶液

14. 为了排除反应生成的 Fe^{3+} 的干扰，可在试液中加入（　　）。

A. $HCl+H_2SO_4$ 混合酸　　B. $H_2SO_4+H_3PO_4$ 混合酸

15. 用 $KMnO_4$ 标准商定南液滴定 H_2O_2 试液时，出现棕色浑浊物的原因，可能是（　　）。

A. 温度不够　　B. 酸度不够　　C. 碱度不够　　D. 浓度不够

16. 自动催化反应的特点是反应速率（　　）。

A. 慢　　B. 快　　C. 快—慢　　D. 慢—快

17. 用 $KMnO_4$ 法测定 H_2O_2 的条件为强酸性条件，则可用（　　）调整溶液的酸度。

A. H_2SO_4　　B. HNO_3　　C. HCl　　D. HAc

18. 在测定水中化学耗氧量时，要排除氯离子的干扰是往试液中加入少量的（　　）。

A. 硫酸银　　B. 硫酸汞

19. 在测定水中化学耗氧量时，为使有机物分解完全，可在试液中加（　　）。

A. 硫酸银　　B. 硫酸汞

20. 在测定水中化学耗氧量时，采用的重铬酸钾法是（　　）。

A. 直接滴定法　　B. 返滴定法

21. 测定铜盐时，为了防止铜盐水解，可向试液中加入（　　）。

A. HCl　　B. H_2SO_4　　C. HPO_3　　D. HAc

22. 实验中生成 CuI，为保证实验结果的准确性，常在滴定终点前加入（　　）。

A. NH_4NF_2　　B. KI　　C. KCSN　　D. 淀粉

23. 实验中，加入的 KI 应该是（　　）。

A. 适量　　B. 少量　　C. 随便量　　D. 过量

二、判断题

1. 在能斯特方程中电极电位既可能是正值，也可能是负值。（　　）
2. 影响氧化还原反应速率的主要因素有反应物的浓度、酸度、温度和催化剂。（　　）
3. 在适宜的条件下，所有可能发生的氧化还原反应中，条件电位值相差最大的电对之间首先进行反应。（　　）
4. $KMnO_4$ 溶液作为滴定剂时，必须装在棕色酸式滴定管中。（　　）
5. 判断碘量法的滴定终点，常以淀粉为指示剂，直接碘量法的终点是从蓝色变为无色。（　　）
6. 已知 $KMnO_4$ 溶液的浓度 $c(KMnO_4)=0.04mol/L$，那么 $c(1/5KMnO_4)=0.02mol/L$。（　　）
7. 用基准试剂 $Na_2C_2O_4$ 标定 $KMnO_4$ 溶液时，需将溶液加热至 75～85℃滴定，若超过此温度，会使测定结果偏低。（　　）
8. 用 $KMnO_4$ 标准溶液滴定 Fe^{2+} 溶液时，化学计量点的电极电位大小与反应物的起始浓度无关。（　　）
9. 溶液的酸度越高，$KMnO_4$ 氧化 $Na_2C_2O_4$ 的反应进行得越完全，所以用基准 $Na_2C_2O_4$ 标定 $KMnO_4$ 溶液时，溶液的酸度越高越好。（　　）
10. $Na_2S_2O_3$ 标准溶液滴定 I_2 时，应在中性或弱酸性介质中进行。（　　）
11. 氧化还原指示剂的条件电位和滴定反应化学计量点的电位越接近，则滴定误差越大。（　　）
12. 用间接碘量法测定试样时，最好在碘量瓶中进行，并应避免阳光照射或少与空气接触，滴定时不宜过度摇动。（　　）
13. 用 $K_2Cr_2O_7$ 测定 Fe 含量时，$K_2Cr_2O_7$ 的基本单元应取 1/6 $K_2Cr_2O_7$。（　　）
14. 用于 $K_2Cr_2O_7$ 法中的酸性介质只能是硫酸，而不能用盐酸。（　　）

三、简答题

1. 如何判断一个氧化还原反应能否进行完全？
2. 平衡常数大的氧化还原反应，是否都可以应用于氧化还原滴定中，为什么？
3. 应用于氧化还原滴定法中的反应，应具备什么条件？
4. 影响氧化还原反应速度的主要因素有哪些，如何加速反应完成？
5. 氧化还原滴定法中哪些标准溶液可以直接配制？哪些标准溶液必须装在棕色滴定管中进行滴定？
6. 如何制备 $KMnO_4$、$K_2Cr_2O_7$、I_2、$Na_2S_2O_3$ 标准溶液？其浓度如何计算。
7. Cl^- 对 $KMnO_4$ 法测定 Fe^{2+} 及用 $K_2Cr_2O_7$ 法测定 Fe^{2+} 有无干扰，为什么？
8. 各类氧化还原滴定法如何确定滴定终点？
9. 氧化还原滴定法所使用的指示剂有几种类型？举例说明。
10. 常用的氧化还原滴定法有哪些？说明各种方法的原理和特点。
11. 配制 $KMnO_4$ 溶液时，应采取哪些步骤，为什么？
12. 以 $Na_2C_2O_4$ 标定 $KMnO_4$ 溶液时，应注意些什么？
13. 用 $K_2Cr_2O_7$ 法测定铁的方法有哪些？它们的原理及优缺点是什么？
14. 配制 I_2 和 $Na_2S_2O_3$ 标准滴定溶液时，应注意什么，为什么？
15. 简述以 $K_2Cr_2O_7$ 标定 $Na_2S_2O_3$ 溶液的反应条件和注意事项。
16. 碘量法测定胆矾的原理是什么？为什么加入 KSCN 和 NH_4HF_2？

四、计算题

1. 以 500mL 容量瓶配制 $c(1/6\ K_2Cr_2O_7)=0.0500mol/L$ $K_2Cr_2O_7$ 标准溶液，应称取 $K_2Cr_2O_7$ 基准物质

多少克?

2. 配制 $c(1/5KMnO_4)=0.10mol/L$ $KMnO_4$ 溶液 700mL，应称取 $KMnO_4$ 多少克？若以草酸为基准物质标定，应称取 $H_2C_2O_4\cdot 2H_2O$ 多少克?

3. 有一标准溶液每升含有 $KHC_2O_4\cdot H_2C_2O_4\cdot 2H_2O$ 为 25.42g，计算此溶液与 KOH 作用和在酸性溶液中与 $KMnO_4$ 作用，其浓度各为多少。$KMnO_4$ 以 $1/5KMnO_4$ 为基本单元。

4. 0.1133g 纯 $Na_2C_2O_4$ 在酸性溶液中需消耗 19.74mL $KMnO_4$ 溶液。计算 $KMnO_4$ 溶液的浓度 $c(1/5KMnO_4)$。

5. 双氧水 2.00mL（密度为 1.010g/mL），在 250mL 容量瓶中稀释至刻度。吸取 25.00mL，酸化后用 $c(1/5KMnO_4)=0.1200mol/L$ $KMnO_4$ 溶液 29.28mL 滴定至终点。计算试样中 H_2O_2 的含量。

6. 某厂生产 $FeCl_3\cdot 6H_2O$ 试剂，国家规定二级品含量不低于 99.0%，三级品不低于 98.0%。为了检验质量，称取样品 0.5000g，用水溶解后加适量 HCl 和 KI，用 $c(Na_2S_2O_3)=0.09026mol/L$ 标准溶液滴定析出的 I_2，用去 20.15mL。问该产品属于哪一级?

第六单元　配位滴定法

【单元导读】

配位滴定又称络合滴定，是以络合反应为基础的滴定分析法。络合反应也是路易斯酸碱反应（金属离子是路易斯酸，可接受路易斯碱所提供的未成键电子对而形成化学键），所以配位滴定法与酸碱滴定法有许多相似之处，但更复杂。配位反应在分析化学中应用非常广泛，除用作滴定反应外，还常用于显色反应、萃取反应、沉淀反应及掩蔽反应等，因此，基于配位反应的广泛性和配位滴定的选择性的有关理论和实践知识，是分析化学的重要内容之一。为了便于处理各种因素对配位平衡的影响，本单元采用了副反应系数（主要是酸效应系数）及条件稳定常数等概念，进一步阐明配位滴定原理，为熟练处理配位平衡和配位滴定的有关问题打下基础。

【知识目标】

（1）了解 EDTA 的性质及金属离子与 EDTA 形成配合物的特点；
（2）了解配位平衡及配合物稳定常数；
（3）理解金属指示剂的作用原理及选择条件；
（4）了解配位滴定法的条件；
（5）了解提高配位滴定选择性的方法。

【能力目标】

（1）能利用配位滴定法解决生活中的实际问题；
（2）会配制一定浓度的标准滴定溶液并运用国标法（GB）进行标定。

第一节　概　　述

【知识链接】

骨痛病是震惊世界的十大公害之一。此病患者骨骼软化萎缩，自然骨折，咳嗽、打喷嚏都会震裂胸骨，直至不能吃饭，多器官衰竭而死亡。骨痛病于 1955 年至 1972 年发生在日本富山县，共有 280 多名患者，死亡 34 人，成为轰动世界的事件。1961 年日本医学界从事综合临床、病理、流行病学、动物实验和分析化学的人员经过长期研究后发现，骨痛病是由于神通川上游的神冈矿山废水引起的镉（Cd）中毒。患者的致病原因是长期饮用“镉水”和“镉米”以及其他含镉的农作物。

镉是重金属，是对人体有害的物质。人体中的镉主要是由被污染的水、食物、空气通过消化道和呼吸道摄入人体内，大量积蓄就会造成镉中毒。

镉含量的测定就是利用了配位滴定法，其原理是 EDTA 与 Cd 反应产生络合物，根据标准溶液的浓度和滴定消耗的体积即可测算出样品中重金属镉（Cd）的含量。

一、配位滴定法

配位滴定法是以生成配位化合物反应为基础的滴定分析方法。

能够生成无机配位化合物的反应很多，如 Cu^{2+} 与 NH_3 生成 $Cu(NH_3)^{2+}$ 溶液，Ag^+ 与 NH_3 生成 $Ag(NH_3)_2^+$ 溶液，但能用于配位滴定的却很少，为什么呢？主要是由于许多无机配合物不够稳定（配合物稳定常数较小），在配位反应过程中有逐级配位现象产生，分步形成，很难确定反应中的计量关系以及滴定终点。因此应用于配位滴定的反应必须具备下述条件：

（1）配位反应生成的配位化合物必须足够稳定，$K_{稳} \geqslant 10^8$（以保证反应进行完全），而且生成的配合物是可溶的；

（2）配位反应必须按一定的反应计量关系进行（配位数固定），这是定量计算的基础；

（3）配位反应速率必须足够快；

（4）有适当的方法指示化学计量点（确定滴定终点）。

许多有机配位剂与金属离子形成一定的配合物，且具有一定的稳定性，能符合滴定分析的要求，因此在分析化学中得到广泛的应用。目前使用最多的是氨羧配位剂。

二、氨羧配位剂

有机配位剂，特别是氨羧配位剂（以氨基二乙酸［$—N(CH_2COOH)_2$］为基体的一类有机配位剂的总称），其中含有配位能力很强的氨氮和羧氧两种配位原子，它们能与多数金属离子形成稳定的可溶性配合物。由于这类有机配位剂的出现，克服了无机配位剂的缺点，使配位滴定法得到迅速的发展。

利用氨羧配位剂与金属离子的配位反应来进行的滴定分析方法称为氨羧配位滴定，目前最常用的配位滴定剂是（EDTA）、氨三乙酸（NTA）、环己烷二胺基四乙酸（DCTA 或 C_YDTA）、乙二醇二乙醚二胺四乙酸（EGTA）等。在这些氨羧配位剂中，应用最多的是乙二胺四乙酸（EDTA）。因此通常指的“配位滴定”，即指乙二胺四乙酸配位滴定法，简称 EDTA 滴定法。

第二节 EDTA 及其配合物

一、乙二胺四乙酸的结构与性质

EDTA 是一个四元有机弱酸，其结构式为

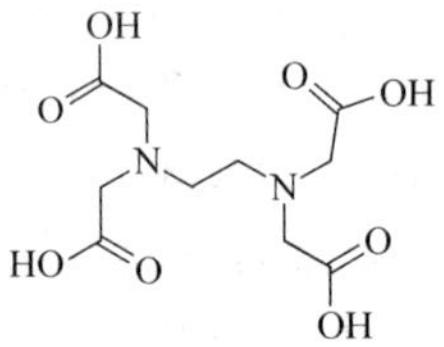

，为书写方便用 H_4Y 表

示其分子式。EDTA 为白色结晶粉末，无毒无臭，具有酸味。EDTA 在水中的溶解度很小（室温下，每 100mL 水中仅溶解 0.02g），浓度约为 7×10^{-4}mol/L。因此，通常用它的二钠盐，即乙二胺四乙酸二钠，含 2 分子结晶水，作为配位滴定剂。EDTA 二钠盐的浓度约为 0.3mol/L，pH 值约为 4.4，适合作为标准滴定溶液使用。

二、EDTA 在水溶液中的电离平衡

如果 EDTA 溶液的酸度很高，它的两个羧基可再接受 H^+形成 H_6Y^{2+}，此时 EDTA 就相当于六元酸，有七种存在形式，见表 6-1。

表 6-1 不同 pH 时，EDTA 主要存在形式

pH	<0.9	0.9~1.6	1.6~2.0	2.0~2.67	2.67~6.16	6.16~10.26	>10.26
主要存在型体	H_6Y^{2+}	H_5Y^+	H_4Y	H_3Y^-	H_2Y^{2-}	HY^{3-}	Y^{4-}

在不同 pH 时，EDTA 的主要存在形式不同，浓度也不同。在这七种形式中，只有 Y^{4-} 能与金属离子直接配位，形成稳定的配合物。因此，溶液的酸度越低（pH 越大），Y^{4-}存在形式越多，EDTA 的配位能力越强。由此可见，溶液的酸度成为影响 EDTA 金属离子配合物稳定性的主要因素。

三、EDTA 配位特点

由于 EDTA 阴离子 Y^{4-} 的结构具有两个氨基和个羧基，其氮、氧原子都有孤对电子，能与金属离子形成配位键，可作为六基配位体，形成具有五元环的螯合物（这类螯合物都很稳定）。图 6-1 所示为 Ca^{2+}与 EDTA 形成的螯合物的立体结构示意图。EDTA 可以和绝大多数金属离子形成稳定的配合物。

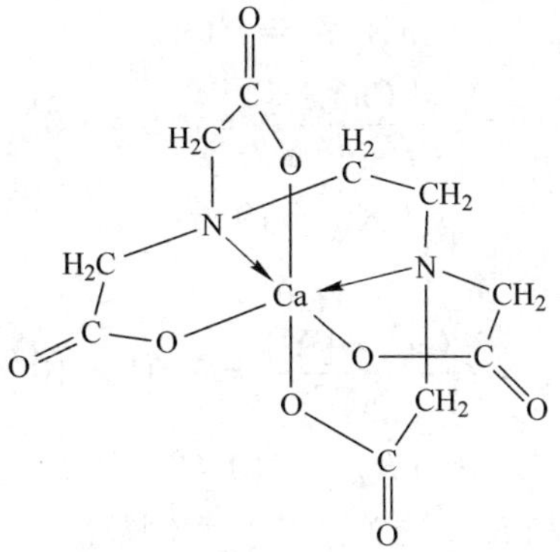

图 6-1 CaY 配合物的立体结构

EDTA 与金属离子配位反应具有以下特点：

（1）除一价碱金属离子外，几乎所有的金属离子与 EDTA 形成稳定的配合物。

（2）配位比简单。一般情况下 EDTA 与多数金属离子形成配合物的配位比为 1∶1，与金属离子的价态无关，$n_{EDTA}=n_M$，化学计量关系简单。如以 M 代表金属离子，Y 代表 EDTA，其反应式，略去电荷，可简写为 $M+Y \rightleftharpoons MY$。

（3）反应速率快。大多数金属离子与 EDTA 形成配合物的速率很快（瞬间生成），符

合滴定要求。EDTA 与金属离子形成的配合物易溶于水。

（4）EDTA 与无色金属离子形成的配合物都是无色的，有利于用指示剂确定滴定终点。有色金属离子与 EDTA 配位时，一般形成颜色更深的配合物。如 NiY^{2-}（蓝绿）、CuY^{2-}（深蓝）、CoY^{2-}（紫红）、MnY^{2-}（紫红）、CrY^{-}（深紫）、FeY^{-}（黄），因此在滴定这些离子时，试液浓度应稀一些，以免在用指示剂确定终点时带来困难。

（5）溶液的酸度或碱度高时，一些金属离子和 EDTA 还可形成酸式配合物 MHY 或碱式配合物 MOHY。这些配合物大多不稳定，不影响金属离子与 EDTA 之间 1∶1 的计量关系。

EDTA 与金属离子形成配合物的特点说明了 EDTA 与金属离子的配合反应符合滴定分析的要求，因此，EDTA 是一种较好的配位滴定剂。

第三节 EDTA 与金属离子的配位平衡

在配位反应中，配合物的形成和解离同处于相对平衡的状态中，其平衡常数可用稳定常数（形成常数）和不稳定常数（解离常数）来表示。

由于 EDTA 与金属离子形成的配合物几乎都为 1∶1 型，在溶液中的解离平衡可用下式表示（为方便讨论，略去式中电荷）：

$$M + Y \rightleftharpoons MY$$

其稳定常数 $K_{稳}$ 为

$$K_{稳} = \frac{[MY]}{[M] \cdot [Y]}$$

$K_{稳}$ 的数值一般较大，为了方便起见，采用 $\lg K_{稳}$ 值来表示。$K_{稳}$ 或 $\lg K_{稳}$ 值越大，说明配合物越稳定。例如 Ca^{2+} 与 EDTA 的配位反应为

$$Ca + Y \rightleftharpoons CaY$$

$$K_{稳} = \frac{[CaY]}{[Ca] \cdot [Y]} = 4.9 \times 10^{10}$$

$$\lg K_{稳} = 10.69$$

如果用 $K_{不稳}$来表示，则为

$$K_{不稳} = \frac{[Ca] \cdot [Y]}{[CaY]} = 2.04 \times 10^{-11}$$

$$pK_{不稳} = 10.69$$

对于 1∶1 型配合物，$K_{稳}$ 和 $K_{不稳}$的关系是互为倒数。

$$K_{稳} = \frac{1}{K_{不稳}}, \quad \lg K_{稳} = pK_{不稳}$$

EDTA 与部分金属离子形成配合物的 $\lg K_{稳}$ 值列于表 6-2 中。

表 6-2 常见金属离子与 EDTA 所形成的配合物的 $\lg K_{MY}$ 值（25℃，0.1KNO_3 溶液）

金属离子	$\lg K_{MY}$	金属离子	$\lg K_{MY}$	金属离子	$\lg K_{MY}$
Ag^{+}	7.32	Mg^{2+}	8.7	Cu^{2+}	18.80

续表 6-2

金属离子	$\lg K_{MY}$	金属离子	$\lg K_{MY}$	金属离子	$\lg K_{MY}$
Al^{3+}	16.30	Mn^{2+}	13.87	Fe^{2+}	14.32
Ba^{2+}	7.86	Na^{+}	1.66	Fe^{3+}	25.10
Be^{2+}	9.20	Pb^{2+}	18.04	Pt^{3+}	16.4
Bi^{3+}	27.94	Ce^{3+}	16.0	Sn^{2+}	22.11
Ca^{2+}	10.69	Co^{2+}	16.31	Sn^{4+}	7.23
Cd^{2+}	16.46	Co^{3+}	36.0	Sr^{2+}	8.73
Li^{+}	2.79	Cr^{3+}	23.4	Zn^{2+}	16.50

由表 6-2 数据可知，除一价金属离子外，大多数金属离子与 EDTA 形成的配合物都相当稳定。

表 6-2 中所列的 EDTA 与金属离子形成的配合物的稳定常数（又称绝对稳定常数）可用来衡量在不发生副反应的情况下，配合物的稳定程度。

第四节 影响配位平衡的主要因素

一、主反应和副反应

在配位滴定中，被测金属离子 M 与 EDTA(Y) 发生配位反应生成 MY 是滴定过程中的主反应。M、Y 和 MY 都可能因溶液的酸度、试样中共存的其他金属离子、为掩蔽干扰组分加入的掩蔽剂或其他辅助配位剂的存在发生副反应，而影响主反应的进行。

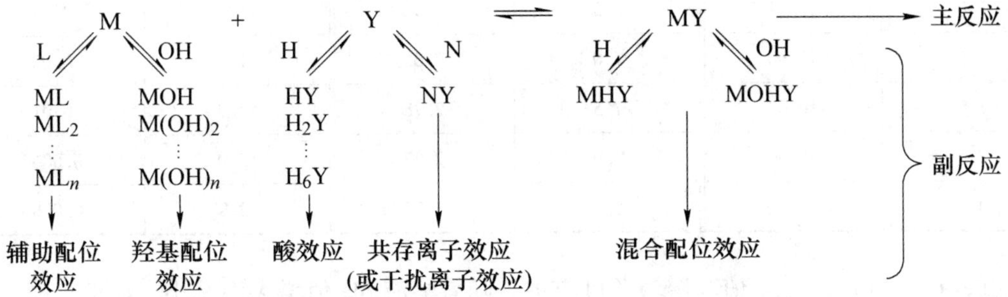

其中，L 为辅助配位剂，N 为干扰离子。除主反应以外，其他反应一律称为副反应。很明显，这些副反应的发生都将对主反应产生影响。由于副反应的存在，使主反应的化学平衡发生移动，主反应产物 MY 的稳定性发生变化，因而对配位滴定的准确度会有较大影响。反应物 M、Y 发生副反应不利于主反应的进行；而反应产物 MY 的各种副反应有利于主反应的进行。其中介质酸度的影响最为重要，成为 EDTA 滴定中首先要考虑的问题，也是影响配位平衡的主要因素。

二、酸效应和酸效应系数

酸度对 EDTA 配合物 MY 稳定性的影响，可用下式表示：

$$
\begin{array}{ccc}
M + Y & \rightleftharpoons & MY \\
 & H^+ \Big\downarrow\!\Big\uparrow & \\
 & HY & \\
 & H^+ \Big\downarrow\!\Big\uparrow & \\
 & H_2Y &
\end{array}
$$

显然溶液的酸度会影响 Y 与 M 的配位能力，酸度越大，Y 的浓度越小，越不利于 MY 的形成。这种由于 H^+的存在，使配位剂 Y 参加主反应能力降低的现象称为酸效应，也叫质子化效应。由 H^+引起副反应时的副反应系数称为酸效应系数。

配位平衡中酸效应系数 $\alpha_{Y(H)}$ 为 EDTA 总浓度与能起配位作用的 Y 的平衡浓度的比值。

$$\alpha_{Y(H)} = \frac{c_Y}{[Y]}$$

式中，c_Y 为 EDTA 的总浓度。

EDTA 在不同 pH 值下的 $\lg\alpha_{Y(H)}$ 见表 6-3。

表 6-3 EDTA 在不同 pH 值下的 $\lg\alpha_{Y(H)}$

pH 值	$\lg\alpha_{Y(H)}$	pH 值	$\lg\alpha_{Y(H)}$	pH 值	$\lg\alpha_{Y(H)}$
0.0	23.64	4.5	7.44	9.0	1.28
0.5	20.75	5.0	6.45	9.5	0.83
1.0	18.01	5.5	5.51	10.0	0.45
1.5	15.55	6.0	4.65	10.5	0.20
2.0	13.51	6.5	3.92	11.0	0.07
2.5	11.90	7.0	3.32	11.5	0.02
3.0	10.63	7.5	2.78	12.0	0.01
3.5	9.48	8.0	2.27	13.0	0.0008
4.0	8.44	8.5	1.77	13.9	0.0001

由表 6-3 可知，$\alpha_{Y(H)}$ 值与溶液酸度有关，随着溶液 pH 值增大而减小。显然，c_Y 一定时，溶液的酸度越大，$\lg\alpha_{Y(H)}$ 越大，[Y] 越小，也就是 EDTA 能有效参与配位反应的能力显著降低。当 pH>12 时，[Y] 几乎等于 c_Y，因此可忽略 EDTA 酸效应的影响。pH 值越高，EDTA 的配位能力越强。

但值得注意的是，酸效应在 EDTA 的配位滴定中并不是完全不利的。因为减小 pH 值能使干扰离子 N 与 Y 的配位能力降至很小，可消除干扰离子 N 的影响，从而转化为有利因素，起到提高滴定选择性的作用。

由以上讨论可知，对 Y 而言，pH 值越大，反应越完全；但许多金属离子将水解生成氢氧化物沉淀，羟基化效应使金属离子浓度降低，导致配位反应不完全，所以要兼顾 Y 和 M 两者的条件，选择适当的酸度进行 EDTA 的配位滴定。

第五节 配位滴定原理

表观稳定常数又称条件稳定常数，它是综合考虑各种副反应（如酸效应、配位效应、共存离子效应、羟基化效应、混合配位效应等）的因素的稳定常数。前已叙述 MY 的混合配位效应（形成 MHY 和 MOHY）可忽略不计。若溶液中没有干扰离子（共存离子效应），无其他配位剂存在或其他配位剂 L 不与被测金属离子 M 反应，溶液酸度又高于金属离子的羟基化酸度时，可以只考虑 Y 的酸效应来讨论表观稳定常数。由 H^+引起的酸效应使［Y］降低，因此反应达到平衡时，溶液中未形成 MY 配合物的 EDTA 的总浓度 c'_Y为：

$$c'_Y = [H_6Y] + [H_5Y] + [H_4Y] + [H_3Y] + [H_2Y] + [HY] + [Y]$$

表观稳定常数 K'_{MY}为

$$K'_{MY} = \frac{[MY]}{[M]\cdot c'_Y}$$

根据酸效应系数：

$$\alpha_{Y(H)} = \frac{c'_Y}{[Y]}$$

$$K'_{MY} = \frac{K_{MY}}{\alpha_{Y(H)}}$$

若用对数表示：

$$\lg K'_{MY} = \lg K_{MY} - \lg\alpha_{Y(H)}$$

此式是处理配位平衡的重要公式。

表观稳定常数的大小，说明在 pH 值不同时，配位化合物的实际稳定程度，也是判断滴定可能性的重要依据。

【例 6-1】 计算 pH=10 和 pH=6 时，Pb^{2+}、Mg^{2+}和 EDTA 形成配位化合物的表观稳定常数。

解：由表 6-1 得：

$$\lg K_{稳(PbY)} = 18.04,\quad \lg K_{稳(MgY)} = 8.7$$

由表 6-2 得：

pH=10 时　　$\lg\alpha_{Y(H)} = 0.45$

pH=6 时　　$\lg\alpha_{Y(H)} = 4.65$

当 pH=10 时：

$$\lg K'_{稳(MgY)} = \lg K_{MgY} - \lg\alpha_{Y(H)} = 8.7 - 0.45 = 8.25$$

$$\lg K'_{稳(PbY)} = \lg K_{PbY} - \lg\alpha_{Y(H)} = 18.04 - 0.45 = 17.59$$

当 pH=6 时：

$$\lg K'_{稳(MgY)} = 8.7 - 4.65 = 4.05$$

$$\lg K'_{稳(PbY)} = 18.04 - 4.65 = 13.39$$

由计算得 pH=10 时，MgY、PbY 都较稳定。而 pH=6 时，MgY 不稳定，PbY 仍较稳定。说明酸度增大，酸效应系数也增大，配位化合物的表观稳定常数下降。在较大的酸度条件下配位化合物的配合能力下降。即对任一配位化合物，酸度越低，配合能力越强，配位反应就越完全，对配位滴定越有利；反之亦然。

必须指出，在配位滴定中，要全面考虑酸度对配位滴定的影响。过高的 pH 会使某些金属离子水解生成氢氧化物沉淀，降低金属离子的浓度。例如滴定 Mg^{2+}时要求溶液的 pH<12，否则会产生 $Mg(OH)_2$ 沉淀。

任何金属离子的配位滴定都要求控制在一定酸度范围内进行；此外，配位反应本身会释放出 H^+，使溶液的酸度升高。为此，在配位滴定时，总要加入一定量的 pH 缓冲溶液，以保持溶液的酸度基本稳定不变。

第六节 金属离子指示剂

在配位滴定中，利用一种能与金属离子生成有色配合物的显色剂，在滴定过程中根据金属离子浓度的变化来确定滴定终点，这种显色剂称为金属离子指示剂，简称金属指示剂。

一、金属指示剂的变色原理

金属指示剂本身是一种配位剂，它与待测定金属离子反应，形成一种与指示剂自身颜色不同的配合物。

$$M + In \rightleftharpoons MIn$$

甲色　　乙色

当滴入 EDTA，溶液中游离的金属离子逐步被配位，由于 MY 比 MIn 更稳定（$\lg K_{MY} > \lg K'_{MIn}$），因此，达到滴定终点时，EDTA 夺取 MIn 中的待测离子 M，释放出指示剂而引起溶液颜色发生变化，呈现指示剂本身颜色。

$$MIn + Y \rightleftharpoons MY + In$$

乙色　　　　甲色

许多金属指示剂不仅具有配位剂的性质，而且又是多元弱酸或弱碱，能随溶液 pH 的变化而显示出不同的颜色。

例如，铬黑 T 是一个二元弱酸，以 H_2In 表示，随溶液 pH 不同，分两步解离，呈现三种颜色。

$$H_2In \rightleftharpoons HIn^- \rightleftharpoons In^{2-}$$

pH<6.3　pH=8~10　pH>11.6

紫红色　　蓝色　　橙色

铬黑 T 与金属离子形成的配合物显红色。由于指示剂在 pH<6.3 和 pH>11.6 的溶液中呈现的颜色与 MY 的颜色靠近，滴定终点颜色变化不明显，所以选用铬黑 T 作指示剂的最适宜的酸度为 pH=8~10，指示剂溶液呈蓝色，滴定到终点时，溶液颜色由红色变为蓝色，变色明显。在 pH=10 的缓冲溶液中常用于滴定 Mg^{2+}、Zn^{2+}、Cd^{2+}、Pb^{2+}、Hg^{2+}等。对滴定 Ca^{2+}不够灵敏，在有 Mg^{2+}存在时可改善滴定终点。因此，使用金属指示剂时必须选择合适的 pH 范围。

二、金属指示剂应具备的条件

由于指示剂与金属离子形成配合物的有关常数不齐全，所以多数都采用实验的方法来选择指示剂，即先试验滴定终点时颜色变化是否敏锐，再检查滴定结果是否准确，这样就可以确定该指示剂是否符合要求。

配位滴定中选用的金属指示剂必须具备下列条件：

（1）在滴定的 pH 范围内，指示剂本身 In 的颜色与它和金属离子形成配合物 MIn 的颜色应有显著区别。

（2）显色反应灵敏、迅速，且有良好的可逆性，有一定的选择性。

（3）指示剂与金属离子形成配合物的稳定性要适当。具体要求：

1）要有足够的稳定性。如果稳定性太低，就会使终点提前，而且变色不敏锐；如果稳定性太高，就会使终点拖后，而且有可能使 EDTA 不能夺取 MIn 中的 M，得不到终点。通常要求 $\lg K'_{MIn} \geqslant 5$。

2）指示剂配合物 MIn 的稳定性应小于 EDTA 配合物 MY 的稳定性，二者之差为 $\lg K'_{MY} - \lg K'_{MIn} \geqslant 2$。

这样在滴定至化学计量点时，指示剂才能被 EDTA 置换出来显现出指示剂本身颜色。

（4）与金属离子形成的配合物易溶于水。如果生成胶体溶液或沉淀，指示剂与 EDTA 是置换作用，缓慢以致终点会拖后。

（5）指示剂应稳定，便于储藏和使用。

三、指示剂的封闭、僵化及消除

（一）封闭现象

有时指示剂与金属离子形成的配合物 MIn，在 EDTA 与金属离子反应达到滴定终点时，MIn 不能被 EDTA 置换出指示剂，看不到 MIn 色转变为 In 色，这种现象称为指示剂的封闭现象。

产生封闭现象的原因有以下两种：

（1）溶液中某种金属离子与指示剂形成的配合物 NIn 比 EDTA 配合物 NY 更稳定，以致不能被 EDTA 置换。遇到这种情况，可加入适当的掩蔽剂来消除该离子的干扰。

例如，用铬黑 T 作指示剂，在 pH = 10 时用 EDTA 滴定 Ca^{2+}、Mg^{2+}，若溶液中有 Al^{3+}、Fe^{3+}、Ni^{2+}或 Co^{2+}，则对铬黑 T 有封闭作用。这时可以加入少量三乙醇胺（掩蔽 Fe^{3+}、Al^{3+}）和 KCN（掩蔽 Ni^{2+}、Co^{2+}）以消除干扰。

（2）由被滴定离子本身引起的，它与指示剂形成配合物的颜色变化不可逆。这时，可用返滴定法予以消除。

例如，Al^{3+}对二甲酚橙有封闭作用，测定 Al^{3+}时可先加入一定量过量的 EDTA 标准溶液，于 pH = 3.5 时煮沸，使 Al^{3+}与 EDTA 完全配位后，再调节溶液 pH 为 5.0～6.0，加入二甲酚橙，用 Zn^{2+}或 Pb^{2+}标准溶液返滴定。

（二）僵化现象

在配位滴定中，滴定终点的颜色变化不明显，或终点拖长的现象称为指示剂的僵化。

产生僵化的原因有以下两种：

（1）有些指示剂与金属离子形成配合物的溶解度很小，使滴定终点的颜色变化不明显；

（2）有些指示剂与金属离子形成配合物 MIn 的稳定性只稍差于对应的 MY 配合物，以致 EDTA 与 MIn 之间的反应缓慢，使终点拖长。

遇有这种情况，可加入适当的有机溶剂或加热，以增大其溶解度。

例如，用 PAN 作指示剂时，可加入少量甲醇或乙醇，或将溶液加热，以加快置换反应速度，使指示剂的变色较明显。

四、常用金属指示剂

常用金属离子指示剂及其配制方法见表 6-4。

表 6-4 常用金属离子指示剂及其配制方法

指示剂	使用的适宜 pH 范围	颜色变化		直接滴定的离子	指示剂配制	注意事项
		In	MIn			
铬黑 T（简称 BT 或 EBT）	8~10	蓝	红	pH=10 Mg^{2+}、Zn^{2+}、Cd^{2+}、Pb^{2+}、Mn^{2+}稀土元素离子	1∶100 NaCl（固体）	Fe^{3+}、Al^{3+}、Cu^{2+}、Ni^{2+} 等离子封闭 EBT
酸性铬蓝 K（Acid Chrome Blue K）	8~13	蓝	红	pH=10 Mg^{2+}、Zn^{2+}、Mn^{2+} pH=13 Ca^{2+}	1∶100 NaCl（固体）	
二甲酚橙（Xylenol Orange，简称 XO）	<6	亮黄	红	pH<1 ZrO^{2+} pH=1~3.5 Bi^{3+}、Th^{4+} pH=5~6 Ti^{3+}、Zn^{2+}、Pb^{2+}、Cd^{2+}、Hg^{2+}、稀土元素离子	0.5% 水溶液	Fe^{3+}、Al^{3+}、Ni^{2+}、Ti^{IV} 等离子封闭 XO
磺基水杨酸（Sulfo-salicylic acid，简称 ssal）	1.5~2.5	无色	紫红	pH=1.5~2.5 Fe^{3+}	5% 水溶液	ssal 本身无色，FeY^-呈黄色
钙指示剂（calcon-carboxylic acid，简称 NN）	12~13	蓝	红	pH=12~13 Ca^{2+}	1∶100 NaCl（固体）	Fe^{3+}、Al^{3+}、Ni^{2+}、Ti^{IV}、Cu^{2+}、Mn^{2+}、Co^{2+}等离子封闭 NN
PAN [1-(2-pyridylazo)-2-naphthol]	2~12	黄	紫红	pH=2~3 $Bi^{3+}Th^{4+}$ pH=4~5 $Cu^{2+}Ni^{2+}Zn^{2+}$ $Cd^{2+}Pb^{2+}$ $Mn^{2+}Fe^{2+}$	0.1% 乙醇溶液	MIn 在水中溶解度小，为防止 PAN 僵化，滴定时须加热

第七节 提高配位滴定选择性的方法

EDTA 具有相当强的配位能力，因此，能与许多金属离子形成配位化合物。而在被测溶液中常存在几种金属离子，用 EDTA 滴定时可能相互干扰。因此，提高配位滴定的选择性，就成为配位滴定中亟待解决的重要问题。提高配位滴定选择性，主要途径就是要设法降低干扰离子的浓度或 NY 的稳定程度，在干扰离子与 EDTA 不配合的酸度下进行滴定；利用掩蔽和解蔽的方法，掩蔽干扰离子或解蔽出被滴定离子，进行个别滴定；沉淀分离去掉干扰离子或分离出被测离子；利用其他配位剂进行滴定等。

一、选择滴定的条件——8、5、3 规则

前面在配位滴定反应必须具备的条件中提出，要使反应进行完全，必须满足 $K_{稳} \geq 10^8$，即 $\lg K_{稳} \geq 8$，终点误差 $T \cdot E < \pm 0.1\%$，才能符合滴定要求，这是理论值。对于具体的配位滴定来说，当滴定一种 M 时，则应该是 $\lg K'_{MY} \geq 8$，所以我们就有了以下结论“8、5、3”规则。

（一）准确滴定 M 的条件——$\lg K'_{MY} \geq 8$

由于 $\lg K'_{MY}$ 的大小与 pH 值有关，要满足 $\lg K'_{MY} \geq 8$，即满足 $\lg K'_{MY} = \lg K_{MY} - \lg\alpha_{Y(H)} \geq 8$，则 $\lg\alpha_{Y(H)} \leq \lg K_{MY} - 8$，此时对应的 pH 就是滴定允许的最低 pH。

【例 6-2】 求用 EDTA 滴定 Fe^{3+} 和 Ca^{2+} 允许的最低 pH 值。

解： 由式 $\lg\alpha_{Y(H)} \leq \lg K_{MY} - 8$ 及查表得：

$$\lg K_{稳FeY} = 25.10$$

$$\lg K_{稳CaY} = 10.69$$

则

$$\lg\alpha_{Y(H)Fe(\text{Ⅲ})} = 25.10 - 8 = 17.10$$

$$\lg\alpha_{Y(H)Ca(\text{Ⅱ})} = 10.69 - 8 = 2.69$$

查表 6-2 得滴定 Fe^{3+} 允许的最低 pH=1，Ca^{2+} 允许的最低 pH=7.6。

可将常见金属离子按上述方法计算，得出各种离子用 EDTA 滴定时允许的最低 pH，然后将 $\lg K_{稳MY}$ 值和相应的 $\lg\alpha_{Y(H)}$ 值对 pH 值作图，所得曲线叫做 EDTA 的酸效应曲线（图 6-2）。

利用酸效应曲线，可以解决以下几个问题：

1. 选择滴定的酸度条件

从图 6-2 曲线上可以找出滴定各金属离子时所能允许的最低 pH。如果小于该 pH 就不能配位或配位不完全。例如，滴定 Fe^{3+}，pH 必须大于 1；滴定 Zn^{2+}，pH 必须大于 4。滴定时采用的 pH 要比允许的最低 pH 高一些，这样可以保证被滴定的金属离子配位更完全。但要注意，过高的 pH 会引起金属离子的羟基化，形成羟基化合物。例如，滴定 Mg^{2+} 时，pH 应大于 9.6，若 pH>12，Mg^{2+} 将形成 $Mg(OH)_2$ 沉淀而不与 EDTA 配位。

2. 判断干扰情况

从图 6-2 曲线上可以判断在一定 pH 滴定某金属离子时，哪些离子有干扰。一般而言，酸效应曲线上被测金属离子 M 以下的离子都干扰测定。例如在 pH=4 时滴定 Zn^{2+}，当

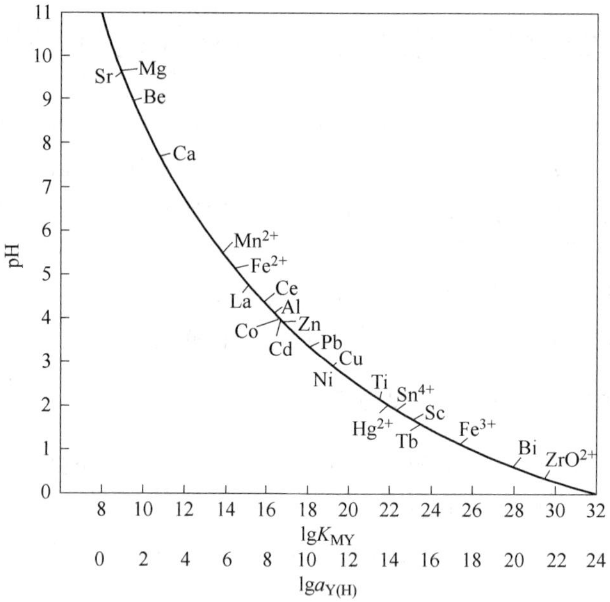

图 6-2 EDTA 的酸效应曲线

溶液中存在 Pb^{2+}、Cu^{2+}、Fe^{3+}时，都能与 EDTA 配位而干扰 Zn^{2+}的测定。至于曲线上被测离子 M 以上的离子 N，在两者浓度相近时，$\lg K_{MY}-\lg K_{NY}>5$，则 N 不干扰 M 的测定。

【例 6-3】 在 pH＝4 的条件下，用 EDTA 滴定 Zn^{2+}时，试液中共存的 Cu^{2+}、Mn^{2+}、Ca^{2+}是否有干扰？

解：由图 6-2 可以看出，Cu^{2+}位于 Zn^{2+}的下方，明显干扰。

Mn^{2+}、Ca^{2+}位于 Zn^{2+}的上方，则 $\lg K_{ZnY}-\lg K_{MnY}=16.5-14.0=2.5<5$，$Mn^{2+}$有干扰；

$\lg K_{ZnY}-\lg K_{CaY}=16.5-10.7=5.8>5$，$Ca^{2+}$不干扰。

3. 兼作 pH-$\lg\alpha_{Y(H)}$表用

图 6-2 中横坐标第二行是用 $\lg\alpha_{Y(H)}$表示的，它与 $\lg K_{MY}$之间相差 8 个单位，可代替表 6-3 使用。

（二）干扰离子 N 不反应（无干扰）的条件——$\lg K'_{NY}\leqslant 3$

同理 $$\lg K'_{NY}=\lg K_{NY}-\lg\alpha_{Y(H)}\leqslant 3 \quad (6-1)$$

$\lg\alpha_{Y(H)}\geqslant\lg K_{NY}-3$，此时对应的 pH 称为最高 pH。

我们仍以 Ca^{2+}为例，由式（6-1）可得 $\lg\alpha_{Y(H)}\geqslant 10.69-3=7.69$，查表 6-2 得 pH＝4.4，此时 Ca^{2+}不与 EDTA 反应，即无干扰。如果 pH＝4.0，$\lg\alpha_{Y(H)}=8.44$，$\lg K'_{CaY}=2.25<3$，更不反应，无干扰。如果 pH＝5.0，$\lg\alpha_{Y(H)}=6.45$，$\lg K'_{CaY}=4.24>3$，部分 Ca^{2+}与 EDTA 反应，有干扰。

（三）两种离子 M、N 共存时的滴定条件——$\lg K'_{MY}-\lg K'_{NY}\geqslant 5$

要准确滴定 M，而 N 不干扰，必须同时满足 $\lg K'_{MY}\geqslant 8$，$\lg K'_{NY}\leqslant 3$，则 $\lg K'_{MY}-\lg K'_{NY}\geqslant 5$ 或 $\lg K_{MY}-\lg K_{NY}\geqslant 5$，因在同一溶液中，$\lg\alpha_{Y(H)}$相同。

例如：溶液中 Fe^{3+}、Ca^{2+}共存，$\lg K_{FeY}=25.10$，$\lg K_{CaY}=10.69$，$\lg K_{FeY}-\lg K_{CaY}=25.10-$

10.69=14.41>5，故 Ca^{2+} 不干扰 Fe^{3+} 的测定。

查图 6-2 可知，测 Fe^{3+} 的最低 pH=1，$\lg\alpha_{Y(H)}=17.20$，此时 $\lg K'_{CaY}=10.69-17.20=-6.51<3$，$Ca^{2+}$ 根本不与 EDTA 反应，也就无干扰了。

由此条件可以看出，提高配位滴定选择性的途径主要是降低干扰离子的浓度或 NY 的稳定性。

二、消除干扰的方法

（一）控制溶液的酸度

根据滴定条件“8、5、3”规则，利用酸效应曲线，可以找出滴定金属离子时允许的最低 pH 及共存离子 N 存在下滴定金属离子的最高 pH，从而确定滴定金属离子的 pH 范围。

【例 6-4】 溶液中 Bi^{3+}、Pb^{3+} 同时存在，浓度均为 0.01mol/L，要选择滴定 Bi^{3+}，而 Pb^{2+} 不干扰，溶液的酸度 pH 应控制在什么范围？分别测含量时该如何进行？

解： 从酸效应曲线查得滴定 Bi^{3+} 的允许最低 pH 为 0.7，Pb^{2+} 允许的最低 pH 为 3.2。要使 Pb^{2+} 完全不与 EDTA 配位的条件是 $\lg K'_{PbY}\leqslant 3$，又

$$\lg K'_{PbY}=\lg K_{PbY}-\lg\alpha_{Y(H)}\leqslant 3，则 \lg\alpha_{Y(H)}\geqslant\lg K_{PbY}-3$$

$\lg K_{PbY}=18.04$，则 $\lg\alpha_{Y(H)}\geqslant 15.04$。查酸效应曲线得 pH 为 1.6，即 pH<1.6 时，Pb^{2+} 不与 EDTA 配位。所以在 Pb^{2+} 存在下滴定 Bi^{3+} 的酸度范围为 pH=0.7~1.6。实际测定中一般控制溶液酸度 pH=1，先将溶液的 pH 调至 1，用 EDTA 滴定 Bi^{3+}，Pb^{2+} 不干扰；到达终点后加六次甲基四胺缓冲溶液调节 pH 为 5~6，可滴定 Pb^{2+}，根据两步滴定所耗标准滴定溶液体积，可求出各自含量。

（二）利用掩蔽和解蔽

若待测金属离子的配合物与干扰离子配合物的稳定常数相差不大，$\Delta\lg(cK')<5$，就不能用控制酸度的方法进行选择滴定。此时可以利用掩蔽剂来降低干扰离子的浓度以消除干扰。

常用的掩蔽方法有配位掩蔽法、沉淀掩蔽法和氧化还原掩蔽法。

1. 配位掩蔽法

这种方法是利用掩蔽剂与干扰离子形成稳定配合物以消除干扰的方法，是配位滴定分析中应用最多的一种方法。

例如，测定水中的 Ca^{2+}、Mg^{2+} 时，Fe^{3+}、Al^{3+} 对测定有干扰，若先加入三乙醇胺与 Fe^{3+}、Al^{3+} 生成更稳定的配合物，就可以在 pH=10 时直接滴定 Ca^{2+} 与 Mg^{2+}。

2. 沉淀掩蔽法

这种方法是利用干扰离子与掩蔽剂形成沉淀以消除干扰的方法。

例如，在 Ca^{2+}、Mg^{2+} 共存的溶液中，加入 NaOH 溶液，使 pH>12，则 Mg^{2+} 生成 $Mg(OH)_2$ 沉淀，不与 EDTA 反应，也即无干扰，可直接滴定 Ca^{2+}。

沉淀掩蔽法要求生成的沉淀溶解度要小，使沉淀完全；生成的沉淀是无色或浅色的，而且吸附作用小，以免影响终点的观察。这种掩藏法在实际应用中有一定的局限性。

3. 氧化还原掩蔽法

这是利用氧化还原反应改变干扰离子价态以消除干扰的方法。

例如，在滴定 Bi^{3+}、Zr^{4+} 时，Fe^{3+} 有干扰。若在溶液中加入还原剂，如盐酸羟胺或抗坏血酸酸（即维生素 C），将 Fe^{3+} 还原成 Fe^{2+}，因 $\lg K_{Fe(II)Y}$ 比 $\lg K_{Fe(III)Y}$ 要小得多（$\lg K_{Fe(II)Y}=14.3$，$\lg K_{Fe(III)Y}=25.1$），所以能消除干扰。

有些氧化还原掩蔽剂既具有氧化或还原能力，同时又是配位剂，即能与干扰离子生成配合物。例如抗坏血酸对 Fe^{3+}，$Na_2S_2O_3$ 对 Cu^{2+}，既是还原剂又是配位剂。

配位滴定中常用的配位掩蔽剂及沉淀掩蔽剂分别列于表 6-5 和表 6-6 中。

表 6-5 常用的配位掩蔽剂

掩蔽剂	pH 范围	被掩蔽离子	备注
KCN	>8	Cu^{2+}、Ni^{2+}、Co^{2+}、Zn^{2+}、Hg^{2+}、Cd^{2+}、Ag^{+}	
NH_4F	4~6	Al^{3+}、Ti^{4+}、Sn^{4+}、Zr^{4+}、W^{6+}	
	10	Al^{3+}、Mg^{2+}、Ca^{2+}、Sr^{2+}、Ba^{2+}	
三乙醇胺	10	Al^{3+}、Sn^{4+}、Ti(Ⅳ)、Fe^{3+}	与 KCN 并用，可提高掩蔽效果
	11~12	Al^{3+}、Fe^{3+}、少量 Mn^{2+}	
二巯基丙醇	10	Hg^{2+}、Cd^{2+}、Zn^{2+}、Pb^{2+}、Bi^{3+}、Ag^{+}、As^{3+}、Sn^{4+} 及少量 Cu^{2+}、Ni^{2+}、Co^{2+}、Fe^{3+}	
铜试剂（DDTC）	10	与 Cu^{2+}、Hg^{2+}、Pb^{2+}、Bi^{3+}、Cd^{2+} 生成沉淀	
邻二氮菲	5~6	Cu^{2+}、Ni^{2+}、Co^{2+}、Zn^{2+}、Cd^{2+}、Hg^{2+}、Mn^{2+}	
硫脲	5~6	Cu^{2+}、Hg^{2+}、Tl^{+}	
酒石酸	1.5~2	Sb^{3+}、Sn^{4+}	在抗坏血酸存在下
	5.5	Al^{3+}、Fe^{3+}、Zn^{2+}、Ca^{2+}	
	6~7.5	Fe^{3+}、Al^{3+}、Mg^{2+}、Cu^{2+}、Mo^{4+}	
	10	Al^{3+}、Sn^{4+}、Fe^{3+}	
乙酰丙酮	5~6	Fe^{3+}、Al^{3+}、Be^{2+}	

表 6-6 常用的沉淀掩蔽剂

掩蔽剂	被掩蔽离子	被滴定离子	pH 范围	指示剂
NH_4F	Mg^{2+}、Ca^{2+}、Sr^{2+}、Ba^{2+}、Ti^{4+}、稀土金属	Zn^{2+}、Cd^{2+}、Mn^{2+} 在还原剂存在下	10	铬黑 T
		Cu^{2+}、Ni^{2+}、Co^{2+}	10	紫脲酸铵
K_2CrO_4	Ba^{2+}	Sr^{2+}	10	MgY+铬黑 T
Na_2S 或铜试剂	微量重金属	Mg^{2+}、Ca^{2+}	10	铬黑 T
H_2SO_4	Pb^{2+}	Bi^{3+}	1	二甲酚橙
$K_4[Fe(CN)_6]$	微量 Zn^{2+}	Pb^{2+}	5~6	二甲酚橙
KI	Cu^{2+}	Zn^{2+}	5~6	PAN

4. 利用选择性的解蔽剂

将一些离子掩蔽，对某种离子进行滴定之后，利用解蔽剂使已被掩蔽的金属离子释放出来，这种方法称为解蔽。

例如，用配位滴定法测定 Zn^{2+} 和 Pb^{2+}，可在氨性溶液中加 KCN 掩蔽，以铬黑 T 为指示剂，pH＝10 时用 EDTA 滴定 Pb^{2+}，然后加入甲醛或三氯乙醛破坏 $[Zn(CN)_4]^{2-}$，再用 EDTA 滴定 Zn^{2+}。甲醛、三氯乙醛即为解蔽剂。

$$4HCHO + [Zn(CN)_4]^{2-} + 4H_2O \longrightarrow Zn^{2+} + 4H_2C(OH)CN + 4OH^-$$

（三）预先分离

如果用控制溶液的酸度和使用掩蔽剂等方法都不能消除共存离子的干扰，就只有预先将干扰离子分离出来，然后再滴定被测离子。分离的方法很多，可根据干扰离子和被测离子的性质进行选择。

例如，磷矿石溶解后的溶液中，一般含 Fe^{3+}、Al^{3+}、Ca^{2+}、Mg^{2+}、PO_4^{3-} 和 F^- 等。如果用 EDTA 滴定其中的金属离子，则 F^- 会产生严重的干扰。因为它能与 Fe^{3+}、Al^{3+} 生成稳定的配合物，酸度小时又能与 Ca^{2+} 生成 CaF_2 沉淀。因此，在滴定前必须先加酸并加热，使 F^- 生成 HF 而挥发除去。

如果在测定中必须进行沉淀分离，应注意由于分离而使待测组分损失的问题。对于含量少的待测组分，不应该先沉淀分离大量的干扰组分后，再进行测定；否则待测组分损失引起的误差更大。此外，还应尽可能选用能同时沉淀多种干扰组分的沉淀剂来进行分离，以简化分离操作手续。

（四）选用其他滴定剂

除 EDTA 外，其他氨羧配位剂与金属离子形成配合物的稳定性各有特点，可以选择不同的配位剂进行滴定，以提高滴定的选择性。

例如，EGTA 与 Ca^{2+}、Mg^{2+} 形成配合物的稳定性相差较大（$\lg K$ 分别为 10.97 和 5.21），可以在 Ca^{2+}、Mg^{2+} 共存时直接滴定 Ca^{2+}；而 EDTA 必须在 Mg^{2+} 沉淀成 $Mg(OH)_2$ 后才能滴定 Ca^{2+}。又如，用 DCTA 滴定 Al^{3+} 时，配位速度快，可省去 EDTA 滴定 Al^{3+} 的加热手续。

三、配位滴定的方式

在配位滴定中，采用不同的滴定方式，不但可以扩大配位滴定的应用范围，而且可以提高配位滴定的选择性。

（一）直接滴定法

直接滴定法是配位滴定中的基本方法。这种方法是将待组分的溶液调节至所需要的酸度，加入必要的试剂（如掩蔽剂）和指示剂，直接用 EDTA 标准滴定溶液滴定。

采用直接滴定法，必须符合下列条件。

（1）待测离子与 EDTA 的配位速率应该很快，其配合物应满足 $\lg(c_M \cdot K'_{MY}) \geq 6$ 的要求。

（2）在选定的滴定条件下，有变色敏锐的指示剂，且没有封闭现象。

（3）在选定的滴定条件下，待测离子不发生其他反应。

许多金属离子，如 Ca^{2+}、Mg^{2+}、Co^{2+}、Ni^{2+}、Zn^{2+}、Cd^{2+}、Pb^{2+}、Cu^{2+}、Fe^{3+}、Bi^{3+} 等，在一定酸度的溶液中，可用 EDTA 直接滴定。

适用范围：

pH=1　　Zr^{4+}、Bi^{3+}

pH=2~3　　Fe^{3+}、Th^{4+}、Hg^{2+}

pH=5~6　　Zn^{2+}、Pb^{2+}、Cd^{2+}、Cu^{2+}、稀土

pH=10　　Mg^{2+}、Co^{2+}、Ni^{2+}、Zn^{2+}、Cd^{2+}

pH=12　　Ca^{2+}

直接滴定法操作简单，准确度较高。

（二）返滴定法

返滴定法是在试液中加入一定量过量的 EDTA 标准滴定溶液，待测组分反应完全后，再用另一种金属离子的标准溶液滴定剩余的 EDTA。

返滴定剂与 EDTA 形成的配合物应有足够的稳定性，但不宜超过待测离子形成配合物的稳定性太多，否则在滴定过程中，返滴定剂会置换出待测离子而引起误差。

返滴定法主要适用于下列情况。

（1）采用直接滴定法时，缺乏符合要求的指示剂，或者待测离子对指示剂有封闭作用。

（2）待测离子与 EDTA 的配位速度较慢。

（3）待测离子发生副反应，影响测定。

例如，Al^{3+}与 EDTA 的配位速度很慢；Al^{3+}对二甲酚橙指示剂有封闭作用；在酸度不高，甚至 pH=4 时，Al^{3+}易生成一系列多核羟基化合物，因此不能采用直接滴定法测 Al^{3+}。

返滴定法测定 Al^{3+}是在试液中加入一定量过量 EDTA，在 pH=3.5 时加热煮沸使 Al^{3+}与 EDTA 配位完全；调节溶液 pH=5~6，以二甲酚橙为指示剂，用 Zn 标准溶液返滴定。

适应于返滴定法的金属离子：Mn^{2+}、Pb^{2+}、Al^{3+}、Hg^{2+}、Ti^{4+}、Co^{2+}、Ni^{2+}。

（三）置换滴定法

利用置换反应置换出等物质的量的 M 或 EDTA，然后进行滴定的方法为置换滴定法。

置换滴定法主要适用于下列情况：

（1）待测离子与 EDTA 的配位速度较慢；

（2）杂质离子的存在严重干扰测定结果；

（3）在选定的滴定条件下，没有变色敏锐的指示剂；

（4）在选定的滴定条件下生成的配合物 MY 不稳定。

1. 置换出金属离子 M

待测离子 M 与 EDTA 反应不完全或形成的配合物不稳定时可让 M 置换出另一配合物 NL 中的 N，用 EDTA 滴定 N 即可求得 M 的含量。

$$M + NL \xlongequal{} ML + N$$

例如，Ag^+与 EDTA 的配合物不稳定（$\lg K_{AgY}=7.32$），不能用 EDTA 直接滴定，若将 Ag^+加入到 $[Ni(CN)_4]^{2-}$溶液中，则发生如下反应：

$$2Ag^+ + [Ni(CN)_4]^{2-} \xlongequal{} 2[Ag(CN)_2]^- + Ni^{2+}$$

在 pH=10 的氨性溶液中，用 EDTA 滴定 Ni^{2+}，即可求出的 Ag^+的含量。

2. 置换出 EDTA

用一种配位剂 L 置换配合物 MY 中 EDTA，然后用另一金属离子标准滴定溶液滴定释

放出来的 EDTA，从而求得 M 的含量：

$$MY + L \longrightarrow ML + Y$$

例如，测定锡青铜中锡含量时，在试液中加入过量的 EDTA 将 Sn^{4+} 与可能存在的 Pb^{2+}、Zn^{2+}、Cd^{2+}、Bi^{3+} 等一并配位，再用 Zn^{2+} 标准滴定溶液滴定剩余的 EDTA；然后加入 NH_4F 将 SnY 中的 EDTA 释放出来，再用 Zn^{2+} 标准滴定溶液释放出来的 EDTA，从而求得锡的含量。

利用置换滴定法的原理，还可以改善指示剂滴定终点的敏锐性。例如，铬黑 T 对 Ca^{2+} 显色的灵敏性较差，但与 Mg^{2+} 显色很灵敏；在 pH = 10 铬黑 T 作指示剂，用 EDTA 滴定 Ca^{2+} 时，可先加入少量 MgY，这时 Ca^{2+} 与 MgY 发生置换反应。

$$MgY + Ca^{2+} \Longleftrightarrow CaY + Mg^{2+}$$

Mg^{2+} 与指示剂结合成 MgIn。滴定时，EDTA 与溶液中 Ca^{2+} 反应，滴定终点时，EDTA 夺取 MgIn 中 Mg^{2+} 的形成 MgY，指示剂游离出来显示纯蓝色。用 CuY 与 PAN 形成的 Cu-PAN 作指示剂，测定金属离子也是利用置换滴定的原理。

（四）间接滴定法

有些金属离子（如 Li^+、Na^+、K^+、Rb^+、Cs^+ 等）和非金属离子（SO_4^{2-}、PO_4^{3-} 等）与 EDTA 形成的配合物不稳定或不与 EDTA 发生配位反应，可以采用间接滴定法进行测定。

例如，测定 PO_4^{3-} 时，先将 PO_4^{3-} 转化为 $MgNH_4PO_4 \cdot 6H_2O$ 沉淀，沉淀经过滤洗净后，将沉淀溶于酸，调节溶液 pH = 10，用 EDTA 标准溶液滴定 Mg^{2+}，从而求得 PO_4^{3-} 的含量。

又如测定 Na^+ 时，可先加入醋酸铀酰锌使 Na^+ 生成 $NaZn(UO_2)_3(Ac)_9 \cdot xH_2O$ 沉淀，将沉淀分离、洗净、溶解后，用 EDTA 滴定 Zn^{2+}，求得 Na^+ 的含量。

再如测定 SO_4^{2-} 时，可在试液中加入已知过量的 $BaCl_2$ 标准溶液，使其生成 $BaSO_4$ 沉淀，过量的 Ba^{2+} 再用 EDTA 滴定。加入的 $BaCl_2$ 物质的量与滴定所用 EDTA 物质的量之差，即为试液中 SO_4^{2-} 物质的量。

间接滴定法操作较烦琐，引入误差的机会也较多，不是很理想的滴定方法。

第八节　配位滴定法的应用

一、EDTA 标准滴定溶液的配制与标定

乙二胺四乙酸二钠盐（$Na_2H_2Y \cdot 2H_2O$）试剂（也称为 EDTA）常含有 0.3% 的湿存水。基准物质 EDTA 可用来直接配制标准滴定溶液。一般采用间接法配制。

配位滴定对蒸馏水的要求较高，若配制溶液的水中含有 Ca^{2+}、Mg^{2+}、Pb^{2+}、Sn^{2+} 等，会消耗部分 EDTA，随测定情况的不同对测定结果产生不同的影响。若水中含有 Al^{3+}、Cu^{2+} 等，对某些指示剂有封闭作用，使终点难以判断。因此，在配位滴定中必须对所用蒸馏水的质量进行检查。为保证质量，最好选用去离子水或二次蒸馏水。

为了防止 EDTA 溶液溶解玻璃中的 Ca^{2+} 形成 CaY，EDTA 溶液应当储存于聚乙烯塑料瓶或硬质玻璃瓶中。一般常用 $c(EDTA) = 0.02mol/L$ 的标准滴定溶液。

标定 EDTA 溶液的基准物质很多，如纯金属锌、铜、铋、铅及氧化锌、碳酸钙等，其

中常用的有锌或氧化锌。金属锌纯度高，在空气中又稳定，既能在 pH = 9 ~ 10 的氨性溶液中以铬黑 T 为指示剂进行标定，又能在 pH = 5 ~ 6 的溶液中以二甲酚橙为指示剂进行标定，滴定终点都很敏锐。

其标定反应及指示剂颜色变化：

滴定前：

$$Zn^{2+} + HIn^{2-} \rightleftharpoons ZnIn^{-} + H^{+}$$

蓝色	酒红色	铬黑 T	pH = 9 ~ 10
黄色	紫红色	二甲酚橙	pH = 5 ~ 6

滴定过程中：

$$Zn^{2+} + H_2Y^{2-} \rightleftharpoons ZnY^{2-} + 2H^{+}$$

滴定终点：

$$H_2Y^{2-} + ZnIn^{-} \rightleftharpoons HIn^{2-} + ZnY^{2-} + H^{+}$$

酒红色	蓝色	铬黑 T	pH = 9 ~ 10
紫红色	黄色	二甲酚橙	pH = 5 ~ 6

配位滴定的测定条件与待测组分及指示剂的性质有关。为了消除系统误差，提高测定的准确度，在选择基准物时应注意使标定条件与测定条件尽可能接近。

例如，测定 Ca^{2+}、Mg^{2+} 用的 EDTA，最好用 $CaCO_3$ 标定。

二、应用实例

（一）水中硬度的测定

水的硬度是指水中除碱金属外的全部金属离子浓度的总和。由于 Ca^{2+}、Mg^{2+} 含量远比其他金属离子含量高，所以水中硬度通常 Ca^{2+}、Mg^{2+} 含量表示。它们主要以碳酸氢盐、硫酸盐、氯化物等形式存在。含有这类盐的水称为硬水，它会使锅炉及换热器产生水垢而影响热效率，肥皂不起泡沫，饮用会影响肠胃的消化功能，所以水的硬度是衡量生活和工业中水的质量的一项重要指标。

天然水中的雨水属于软水，普通地面水硬度不高，但地下水的硬度较高。水的硬度分为暂时硬度和永久硬度两种。暂时硬度主要由钙、镁的酸式碳酸盐引起，将水煮沸时，这类酸式碳酸盐即分解为碳酸盐沉淀而失去硬度。永久硬度主要由钙、镁的氯化物、硫酸盐和硝酸盐等引起，不能用煮沸方法除去。暂时硬度和永久硬度之和称为总硬度。

水的硬度是把 Ca^{2+}、Mg^{2+} 总量折合成 $CaCO_3$ 或 CaO 的量来表示。目前有两种表示方法：一种是以每升水中 $CaCO_3$（或 CaO）的毫克数（mg/L）表示；另一种是用“度”来表示，即每升水中含有 10mg CaO 为 1 度（1°）。

水的硬度可分为钙盐含量表示水的钙硬度、镁盐含量表示镁硬度及 Ca^{2+}、Mg^{2+} 总量表示总硬度。总硬度 4°~8°为软水、8°~16°为中等硬水、16°~30°为硬水、30°以上为极硬水。生活用水的总硬度不得超过 25°，工业用水则随要求不同而定。

1. 总硬度测定（直接滴定法）

利用氨缓冲溶液控制水样 pH = 10，加入铬黑 T 作指示剂，这时水中 Mg^{2+} 先与指示剂生成酒红色配合物（$K_{MgIn} > K_{CaIn}$）：

$$Mg^{2+} + HIn^{2-} \rightleftharpoons MgIn^{-} + H^{+}$$

用 EDTA 标准滴定溶液滴定时，EDTA 先与水中 Ca^{2+}配位，再与 Mg^{2+}配位（$K_{CaY}>K_{MgY}$）：

$$Ca^{2+} + H_2Y^{2-} \rightleftharpoons CaY^{2-} + 2H^+$$

$$Mg^{2+} + H_2Y^{2-} \rightleftharpoons MgY^{2-} + 2H^+$$

到达滴定终点时，EDTA 夺取 $MgIn^-$中的 Mg^{2+}，使指示剂游离出来而显纯蓝色（$K_{MgY}>K_{MgIn}$）：

$$\underset{\text{酒红色}}{MgIn^-} + H_2Y^{2-} \rightleftharpoons MgY^{2-} + \underset{\text{纯蓝色}}{HIn^-} + H^+$$

根据 EDTA 的用量计算水的硬度：

（1）以每升水中 $CaCO_3$ 的毫克数（mg/L）表示时，则有：

$$\rho_{\text{总硬度}} = \frac{c(\text{EDTA}) \times V(\text{EDTA}) \times M(CaCO_3)}{V_{\text{水}}} \times 1000$$

（2）以每升水中含有 10mg CaO 为 1°表示时，则水的总硬度为：

$$\rho_{\text{总硬度}} = \frac{c(\text{EDTA}) \times V(\text{EDTA}) \times M(CaO)}{V_{\text{水}} \times 10} \times 1000$$

水样中含有 Fe^{3+}、Al^{3+}、Cu^{2+}时，对铬黑 T 有封闭作用，可加入 Na_2S 使 Cu^{2+}成为 CuS 沉淀；在碱性溶液中加入三乙醇胺掩蔽 Fe^{3+}、Al^{3+}。Mn^{2+}存在时，在碱性条件下可被空气氧化成 Mn^{4+}，它能将铬黑 T 氧化褪色，可在水样中加入盐酸羟胺防止指示剂被氧化。

2. 钙硬度测定（返滴定法）

用 NaOH 调节水样 pH = 12，Mg^{2+}形成 $Mg(OH)_2$ 沉淀，以钙指示剂确定终点，用 EDTA 标准滴定溶液滴定，终点时溶液由酒红色变为纯蓝色。

终点时反应：

$$\underset{\text{红色}}{CaIn^-} + H_2Y^{2-} \rightleftharpoons CaY^{2-} + \underset{\text{蓝色}}{HIn^{2-}} + H^+$$

水样中含有 $Ca(HCO_3)_2$，当加碱调节 pH = 12 时，$Ca(HCO_3)_2$ 形成 $CaCO_3$ 而使结果偏低，应先加入 HCl 酸化并煮沸使 $Ca(HCO_3)_2$ 完全分解。

$$Ca(HCO_3)_2 + 2NaOH = CaCO_3\downarrow + Na_2CO_3 + 2H_2O$$

$$Ca(HCO_3)_2 + 2HCl = CaCl_2 + 2H_2O + 2CO_2\uparrow$$

以 NaOH 调节溶液酸度时，用量不宜过多，否则一部分 Ca^{2+}被 $Mg(OH)_2$ 沉淀吸附，致使钙硬度结果偏低。

3. 镁硬度测定

由总硬度减去钙硬度，即为镁硬度。

（二）镍盐中镍含量的测定（返滴定法）

Ni^{2+}与 EDTA 的配位反应缓慢，先在试液中加入一定量过量的 EDTA 标准滴定溶液，调节 pH = 5（或 10），煮沸使 Ni^{2+}与 EDTA 反应完全。以 PAN（或紫脲酸铵）为指示剂，用 $CuSO_4$ 标准滴定溶液滴定剩余的 EDTA，终点时溶液由绿色变为蓝紫色。

$$Ni^{2+} + H_2Y^{2-} = NiY^{2-} + 2H^+$$

$$H_2Y^{2-}(\text{余量}) + Cu^{2+} = \underset{\text{蓝色}}{CuY^{2-}} + 2H^+$$

$$PAN + Cu^{2+} \xlongequal{} Cu - PAN$$

黄色　　　　　　　　红色

（三）铝盐中铝含量的测定（置换滴定法）

Al^{3+}与 EDTA 配位反应缓慢，可用返滴定法或置换滴定法测定。

将试液调节至 pH=3~4，加入过量的 EDTA 标准滴定溶液，煮沸使 Al^{3+}与 EDTA 反应完全，冷却后，调节溶液至 pH=5~6，以二甲酚橙为指示剂，用 Zn^{2+}标准滴定溶液滴定剩余的 EDTA（返滴定法计体积，就可算出 Al^{3+}的含量，置换滴定法不计体积）。然后加入一种选择性较高的配位剂 NH_4F，将 AlY^-中的 EDTA 置换出来，再用 Zn^{2+}标准滴定溶液滴定置换出来的 EDTA，终点时溶液由黄色变为紫红色。

$$Al^{3+} + H_2Y^{2-}(\text{过量}) \longrightarrow AlY^- + 2H^+$$

$$H_2Y^{2-}(\text{余量}) + Zn^{2+} \longrightarrow ZnY^{2-} + 2H^+$$

$$AlY^- + 6F^- + 2H^+ \longrightarrow AlF_6^{3-} + H_2Y^{2-}$$

$$H_2Y^{2-} + Zn^{2+} \longrightarrow ZnY^{2-} + 2H^+$$

铝盐中若含 Fe^{3+}及其他杂质也能与 EDTA 配位，但在 pH=6 时加 NH_4F，它们与 EDTA 形成的配合物较稳定，只有 AlY^-能与 F^-反应置换出相应量的 EDTA，因此不妨碍 Al^{3+}的测定。

（四）铅、铋的连续测定

Pb^{2+}、Bi^{3+}均能与 EDTA 形成稳定的配合物，其稳定常数 $\lg K$ 值分别为 18.04 和 27.94。由于两者的 $\lg K$ 值相差很大，可以利用控制不同的酸度，分别进行滴定。

将 Pb^{2+}、Bi^{3+}试液调节酸度至 pH=1，以二甲酚橙为指示剂，用 EDTA 标准滴定溶液滴定 Bi^{3+}至溶液由紫红色变为黄色，记录体积 V_1。然后调节溶液酸度至 pH=5~6，再用 EDTA 标准滴定溶液滴定 Pb^{2+}至溶液由紫红色变为黄色，记录体积 V_2。由 EDTA 溶液的两次用量，可分别求得 Pb^{2+}、Bi^{3+}的含量。

试液中若含有 Fe^{3+}、Cu^{2+}，加抗坏血酸掩蔽 Fe^{3+}，加硫脲掩蔽 Cu^{2+}。

三、计算示例

【例 6-5】 含铝试样 0.2160g，溶解后加入 0.02000mol/L EDTA 溶液 30.00mL，在pH=3.5 的条件下加热煮沸使 Al^{3+}与 EDTA 反应完全。冷却后调节溶液 pH=5~6，用 0.02400mol/L 锌标准溶液滴定过量部分的 EDTA，消耗体积 V_1 为 4.86mL；再加入 NaF 并加热煮沸，冷却后用锌标准溶液滴定至终点，消耗体积 V_2 为 20.15mL。计算试样中 Al_2O_3 的含量。

解： 以 $\frac{1}{2}Al_2O_3$ 为基本单元，则 $M\left(\frac{1}{2}Al_2O_3\right)=50.98g/mol$

返滴定法计算：

$$w(Al_2O_3) = \frac{(c_Y \cdot V_Y - c_{Zn} \cdot V_{1Zn}) \times 10^{-3} \cdot M\left(\frac{1}{2}Al_2O_3\right)}{m_s} \times 100\%$$

$$= \frac{(0.02000mol/L \times 30.00mL - 0.02400mol/L \times 4.86mL) \times 10^{-3} \times 50.98g/mol}{0.2160g} \times 100\%$$

$$=11.41\%$$

用置换滴定法计算

$$w(\mathrm{Al_2O_3})=\frac{c_{\mathrm{Zn}}\cdot V_{2\mathrm{Zn}}\times10^{-3}\cdot M\left(\frac{1}{2}\mathrm{Al_2O_3}\right)}{m_s}\times100\%$$

$$=\frac{0.02400\mathrm{mol/L}\times20.15\mathrm{mL}\times10^{-3}\times50.98\mathrm{g/mol}}{0.2160\mathrm{g}}=11.41\%$$

由此可见，用两种方法测定 Al 均可，一般来说，组分干扰少时，用返滴定法简单；如果组分复杂，干扰离子多，用置换滴定法准确度高，但手续麻烦些。

【例 6-6】 含铅、锌、镁试样 0.5120g，溶解后用氰化物掩蔽 Zn^{2+}，滴定时需 0.02970mol/L EDTA 溶液 48.70mL；然后加二巯基丙醇置换出 PbY 中的 Y，用 0.007650mol/L Mg^{2+}标准溶液 16.40mL 滴定至终点；最后加入甲醛解蔽 Zn^{2+}，滴定 Zn^{2+}用去 0.02970mol/L EDTA 标准溶液 23.10mL。计算试样中三种金属的含量。

解：

$$M(\mathrm{Pb})=207.2\mathrm{g/mol};\quad M(\mathrm{Zn})=65.39\mathrm{g/mol};\quad M(\mathrm{Mg})=24.30\mathrm{g/mol}$$

$$w(\mathrm{Pb})=\frac{0.007650\mathrm{mol/L}\times16.40\mathrm{mL}\times10^{-3}\times207.2\mathrm{g/mol}}{0.5120\mathrm{g}}\times100\%=5.08\%$$

$$w(\mathrm{Zn})=\frac{0.02970\mathrm{mol/L}\times23.10\mathrm{mL}\times10^{-3}\times65.39\mathrm{g/mol}}{0.5120\mathrm{g}}\times100\%=8.76\%$$

$$w(\mathrm{Mg})=\frac{(0.02970\mathrm{mol/L}\times48.70\mathrm{mL}-0.007650\mathrm{mol/L}\times16.40\mathrm{mL})\times10^{-3}\times24.30\mathrm{g/mol}}{0.5120\mathrm{g}}\times100\%$$

$$=6.27\%$$

【例 6-7】 含 Fe^{3+}和 Al^{3+}的试液 50.00mL，调节 pH=2.0，以磺基水杨酸作指示剂，用 0.03504mol/L EDTA 溶液 32.11mL 滴定至红色恰好消失，然后加入 50.00mL 上述 EDTA 标准滴定溶液并煮沸，冷却后调节 pH=5.0，用 0.04110mol/L Zn^{2+}标准溶液 15.14mL 滴定至终点出现红色，计算试液中 Fe^{3+}和 Al^{3+}的浓度。

解： pH=2.0 时，EDTA 溶液滴定的是 Fe^{3+}：

$$c(\mathrm{Fe^{3+}})=\frac{0.03504\mathrm{mol/L}\times32.11\mathrm{mL}}{50.00\mathrm{mL}}=0.02250\mathrm{mol/L}$$

pH=5.0 时，测定的是 Al^{3+}：

$$c(\mathrm{Al^{3+}})=\frac{0.03504\mathrm{mol/L}\times50.00\mathrm{mL}-0.04110\mathrm{mol/L}\times15.14\mathrm{mL}}{50.00\mathrm{mL}}=0.02250\mathrm{mol/L}$$

单元小结

一、配位反应的条件

(1) $K_{稳}>10^8$，配合物稳定，反应完全；

(2) 配位数固定，定量计算依据；

(3) 反应速率快；

(4) 要有适当的方法确定终点。

二、EDTA 及 MY 性质

（1）EDTA 性质。乙二胺四乙酸酸二钠盐，水溶液 pH = 4.4，六元酸，有七种存在形式，与溶液 pH 密切相关。

（2）MY 性质。MY 稳定性高，配位比简单，易溶于水，无色，应用范围广。

三、配合物稳定常数

（1）绝对稳定常数 K_{MY}（理论值，查表）：

$$M + Y \rightleftharpoons MY$$

$$K_{稳} = \frac{[MY]}{[M]\cdot[Y]}$$

（2）酸效应系数 $\alpha_{Y(H)}$：

酸效应——由溶液的 pH 变化，导致 EDTA 与 M 配位能力改变。

酸效应系数——pH 对 EDTA 的影响程度 $\alpha_{Y(H)} = \frac{c'_Y}{[Y]}$。

结论：$[H^+]$ 减少，pH 增大，$\alpha_{Y(H)}$ 减小，$[Y]$ 增大，配位能力增强，MY 稳定性增加。

（3）表观稳定常数 K'_{MY}，实际值（只考虑酸效应时）：

$$\lg K'_{MY} = \lg K_{MY} - \lg\alpha_{Y(H)}$$

四、配位滴定的条件——8、5、3 规则

配位滴定中 M 浓度一般为 10^{-2}mol/L。

（1）准确滴定 M 的条件——$\lg K'_{MY} \geqslant 8$。

酸度条件 $\lg\alpha_{Y(H)} \leqslant \lg K_{MY} - 8$

此时，对应的 pH 为滴定允许的最低 pH，作最低 pH-$\lg K_{MY}$图，即为酸效应曲线。

（2）干扰离子 N 不反应（无干扰）的条件——$\lg K'_{NY} \leqslant 3$。

$\lg\alpha_{Y(H)} \geqslant \lg K_{NY} - 3$，此时对应的 pH 为滴定不干扰的最高 pH。

（3）两种离子 M、N 共存时的滴定条件——$\lg K'_{MY} - \lg K'_{NY} \geqslant 5$。

结论：滴定条件都与 pH 有关，所以要用缓冲溶液控制 pH。

五、消除干扰的方法、目的

降低干扰离子浓度使 $\lg K'_{MY}$增大，$\lg K'_{NY}$减小。

（1）控制溶液酸度（pH）——根据 8、5、3 规则，利用酸效应曲线。

（2）利用掩蔽和解蔽。配位掩蔽法、沉淀掩蔽法、氧化还原掩蔽法、解蔽。

（3）改变滴定方式。直接滴定法、返滴定法、置换滴定法、间接滴定法。

（4）化学分离。

（5）其他沉淀剂。

六、金属离子指示剂

（1）性质。有机弱酸、弱碱、配位剂，使用与 pH 有关。

（2）变色原理：　$M + In \rightleftharpoons MIn$；$MIn + Y \rightleftharpoons MY + In$

（3）条件：

1）MIn 与 In 颜色明显不同——pH 控制；

2）显色反应灵敏、迅速、可逆；

3）MIn 稳定，$\lg K'_{MIn} \geq 5$，溶于水。

（4）选择 $\lg K'_{MY} - \lg K'_{MIn} \geq 2$。

（5）注意问题——封闭现象，僵化现象。

七、应用

（1）EDTA 的制备、标定；

（2）水中硬度测定；

（3）Bi、Pb 连续测定；

（4）Al 盐测定；

（5）Ni 盐测定。

单元习题

一、选择题

1. 在 EDTA 滴定中，下列有关酸效应的叙述中，正确的是（　　）。

A. pH 越大，酸效应系数越大　　B. 酸效应系数越大，配合物的稳定性越大

C. 酸效应系数越小，配合物的稳定性越大　　D. 酸效应系数越大，滴定曲线的突跃范围越大

2. 用 EDTA 标准溶液滴定金属离子时若要求相对误差小于 0.1%，滴定的酸度条件必须满足（　　）。

A. $\lg\alpha_{Y(H)} \geq 8$　　B. $\lg K'_{MY} < 8$　　C. $\lg K_{MY} \geq 8$　　D. $\lg K'_{MY} \geq 8$

3. 配位滴定终点所呈现的颜色是（　　）。

A. 游离金属指示剂的颜色　　B. EDTA 与待测金属离子形成配合物的颜色

C. 金属指示剂与待测金属离子形成配合物的颜色　　D. 上述 A 与 C 项的混合色

4. 在 EDTA 滴定中，要求金属指示剂与待测金属离子形成配合物的条件稳定常数 K'_{MIn} 值应（　　）。

A. 大于 K'_{MY}　　B. 小于 K'_{MY}　　C. 等于 K'_{MY}　　D. 大于 $100K'_{MY}$

5. 某溶液主要含有 Ca^{2+}、Mg^{2+} 及少量 Fe^{3+}、Al^{3+}，今在 pH=10 时加入三乙醇胺后，用 EDTA 标准溶液滴定，以铬黑 T 为指示剂，则测出的是（　　）。

A. Ca^{2+}、Mg^{2+}、Fe^{3+}、Al^{3+} 的总量　　B. Fe^{3+}、Al^{3+} 的总量

C. Ca^{2+}、Mg^{2+} 的总量　　D. 仅是 Mg^{2+} 的含量

6. 在 Ca^{2+}、Mg^{2+} 混合液中，用 EDTA 标准溶液滴定 Ca^{2+} 时，为了消除 Mg^{2+} 的干扰，宜选用（　　）。

A. 控制溶液酸度法　　B. 氧化还原掩蔽法　　C. 配位掩蔽法　　D. 沉淀掩蔽法

7. 通常测定水的硬度所用的方法是（　　）。

A. 酸碱滴定法　　B. 氧化还原滴定法　　C. 配位滴定法　　D. 沉淀滴定法

8. 当溶液中有两种金属离子（M、N）共存时，欲以 EDTA 标准溶液滴定 M，而 N 不干扰，则要求（　　）。

A. $\lg K'_{MY} - \lg K'_{NY} \geq 5$　　B. $\lg K'_{MY} - \lg K'_{NY} \geq 8$　　C. $\lg K'_{NY} - \lg K'_{MY} \geq 5$　　D. $\lg K'_{NY} - \lg K'_{MY} \geq 8$

9. $K_{CaY} = 10^{10.69}$，当 pH=9 时，$\lg\alpha_{Y(H)} = 1.29$，则 K'_{CaY} 等于（　　）。

A. $10^{1.29}$　　B. $10^{-9.40}$　　C. $10^{9.40}$　　D. $10^{-10.69}$

10. 测定 Al^{3+} 所采用的滴定方式为（　　）。

A. 直接滴定法　　B. 间接滴定法　　C. 返滴定法　　D. 置换滴定法

二、简答题

1. 配位滴定对配位反应有哪些要求?
2. EDTA 与金属离子形成的配合物具有哪些特点? 为什么 EDTA 与金属的配位比多为 1∶1?
3. 配合物的稳定常数和表观稳定常数有什么不同? 为什么要引用表观稳定常数?
4. 提高配位滴定选择性的方法有哪些?
5. 配位滴定中，为什么常使用缓冲溶液?
6. 两种金属离子 M 和 N 共存时，什么条件下才可能利用控制酸度的方法进行分别滴定?
7. 配位滴定的条件如何选择? 主要从哪些方面考虑?
8. 当 pH=5 时，能否用 EDTA 滴定 Mg^{2+}? 在 pH=10、pH=12 时，情况又如何?
9. 在测定含 Bi^{3+}、Pb^{2+}、Al^{3+} 和 Mg^{2+} 混合液中的 Pb^{2+} 含量时，其他离子是否有干扰，为什么?

三、计算题

1. 计算 pH=4 和 pH=6 时的 $\lg K'_{MgY}$。

2. 称取含钙样品 0.2000g，溶解后配成 100.0mL 溶液。取出 25.00mL 溶液，用 c(EDTA)=0.02000mol/L EDTA 标准溶液滴定，用去 15.40mL，求样品中 CaO 的含量。

3. 称取基准 ZnO 0.2000g，用 HCl 溶解后，标定 EDTA 溶液，用去 24.00mL，求 EDTA 标准溶液的浓度。

4. 取 100.0mL 水样，以铬黑 T 为指示剂，在 pH=10 时用 0.01060mol/L EDTA 溶液滴定，消耗 31.30mL。另取 100.0mL 水样，加 NaOH 使呈强碱性，Mg^{2+} 成 $Mg(OH)_2$ 沉淀，用 EDTA 溶液 19.20mL 滴定至钙指示剂变色为终点。计算水的总硬度（以 CaO mg/L 表示）及水中钙和镁的含量（以 CaO mg/L 和 MgO mg/L 表示）。

5. 氯化锌试样 0.2500g，溶于水后控制溶液的酸度 pH=6，以二甲酚橙为指示剂，用 0.1024mol/L EDTA 溶液 17.90mL 滴定至终点。计算 $ZnCl_2$ 的含量。

6. 含铜、锌、镁的合金试样 0.5000g，溶解后用容量瓶配成 100mL。吸取 25.00mL，调至 pH=6，以 PAN 作指示剂，用 0.05000mol/L EDTA 溶液 37.30mL 滴定铜和锌。另取 25.00mL 试液，调至 pH=10，加 KCN 掩蔽铜和锌，用同浓度 EDTA 溶液 4.10mL 滴定镁；然后滴加甲醛解蔽锌，又用同浓度的 EDTA 溶液 13.40mL 滴定至终点。计算试样中铜、锌、镁的含量。

第七单元　沉淀滴定法

【单元导读】

沉淀滴定法是以沉淀反应为基础的滴定分析方法。能用于沉淀滴定法的反应并不多，目前比较常用的是生成难溶性银盐的“银量法”。

【知识目标】

（1）了解沉淀滴定对反应条件的要求；
（2）了解分级沉淀和沉淀转化的概念；
（3）了解佛尔哈德法和法扬司法的原理、条件及应用；
（4）掌握莫尔法的原理、条件及应用。

【能力目标】

（1）能利用沉淀滴定法解决实际问题；
（2）会配制一定浓度的标准溶液并标定。

第一节　沉淀滴定法基本原理

沉淀滴定法是以沉淀反应为基础的滴定分析方法。

我们知道沉淀反应很多，因为许多沉淀产物无固定组成，有共沉淀现象或者沉淀不完全等，使沉淀滴定法在应用中受到一定限制，故能用于滴定分析的沉淀反应必须符合下列条件：

（1）按一定的化学计量关系进行，生成沉淀的溶解度必须很小（$s \leqslant 10^{-5}$ mol/L），对于1∶1型的沉淀，其 $K_{sp} \leqslant 10^{-10}$；

（2）反应速率快，不易形成过饱和溶液；

（3）有确定化学计量点的方法；

（4）沉淀的吸附现象不影响终点的确定。

由于上述条件的限制，能用于沉淀滴定法的反应并不多。目前比较常用的是生成难溶性银盐的“银量法”，例如：

$$Ag^+ + Cl^- \longrightarrow AgCl\downarrow（白色）$$

$$Ag^+ + SCN^- \longrightarrow AgSCN\downarrow（白色）$$

用银量法可以测定 Cl^-、Br^-、SCN^- 和 Ag^+ 等一些含卤素的有机化合物（如六六六、DDT）。

本章主要讨论银量法。根据滴定方式的不同，银量法可以分为直接滴定法和返滴定法；根据确定滴定终点方法的不同，银量法还可分为莫尔法、佛尔哈德法和法扬司法。

第二节 银 量 法

一、莫尔法（K_2CrO_4 作指示剂）

（一）原理

以测定 Cl^-为例，用 K_2CrO_4 作指示剂，用 $AgNO_3$ 标准滴定溶液滴定，其反应为：

滴定反应　　　　$Ag^+ + Cl^- \longrightarrow AgCl\downarrow$（白色）

指示反应　　　　$2Ag^+ + CrO_4^{2-} \longrightarrow Ag_2CrO_4\downarrow$（砖红色）

这种方法的理论依据是分级沉淀原理。

对相同类型的沉淀，K_{sp}小的先沉淀；

对不同类型的沉淀，比较溶解度 s 的大小，s 小的先沉淀。

对于 1∶1 型的沉淀，溶解度　　$s = \sqrt{K_{sp}}$

对于 1∶1 型的沉淀，溶解度　　$s = \sqrt[3]{\dfrac{K_{sp}}{4}}$

AgCl 的溶解度　$s = \sqrt{K_{sp}} = \sqrt{1.8 \times 10^{-12}} = 1.3 \times 10^{-5}$(mol/L)

Ag_2CrO_4 的溶解度 $s = \sqrt[3]{\dfrac{K_{sp}}{4}} = \sqrt[3]{\dfrac{2.0 \times 10^{-12}}{4}} = 7.9 \times 10^{-5}$(mol/L)

由于 AgCl 的溶解度（1.3×10^{-5}mol/L）比 Ag_2CrO_4 的溶解度（7.9×10^{-5}mol/L）小，故在用 $AgNO_3$ 溶液滴定时，AgCl 先析出沉淀，当滴定到 Ag^+与 Cl^-达到化学计量点，过量的半滴 Ag^+使 CrO_4^{2-} 反应析出砖红色 Ag_2CrO_4 沉淀，指示滴定终点。

（二）滴定条件

1. 指示剂用量

用 $AgNO_3$ 标准滴定溶液滴定 Cl^-，是以 K_2CrO_4 作指示剂，出现砖红色 Ag_2CrO_4 沉淀为滴定终点的。通过实验证明，滴定溶液中 CrO_4^{2-} 浓度为 5×10^{-3}mol/L 是确定滴定终点适宜的浓度，当终点体积为 100mL 时，应加入 5%K_2CrO_4 溶液 1~2mL。对于较稀溶液的滴定，如 0.01mol/L $AgNO_3$ 滴定 0.01mol/L Cl^-，滴定误差可达 0.6%，应做指示剂空白试验进行校正。

关于指示剂用量是个主要问题，K_2CrO_4 太多，黄色影响终点观察，终点有可能提前；K_2CrO_4 太少，Ag^+过量较多才能看到砖红色沉淀，误差增加。

2. 溶液的酸度

溶液的酸度应控制在 pH=6.5~10.5。在酸性溶液中，CrO_4^{2-} 有如下反应：

$$2CrO_4^{2-} + 2H^+ \rightleftharpoons 2HCrO_4^- \rightleftharpoons Cr_2O_7^{2-} + H_2O$$

所以降低 CrO_4^{2-} 的浓度，终点拖后或无终点，使 Ag_2CrO_4 沉淀溶解。

在强碱性溶液中，能有黑棕色沉淀析出：

$$2Ag^+ + 2OH^- \longrightarrow Ag_2O\downarrow + H_2O$$

多消耗 Ag^+，且终点不明显，因此，莫尔法要求在中性或弱碱性溶液中进行。如果溶液酸性太强，可用 $NaB_4O_7 \cdot 10H_2O$、$NaHCO_3$ 或 $CaCO_3$ 中和；碱性太强，可用稀 HNO_3 溶液中和。当溶液中有铵盐时，在 pH 较高时则形成 NH_3，使 Ag^+ 与 NH_3 形成 $[Ag(NH_3)_2]^+$，而影响滴定的准确度；滴定时，溶液酸度控制在 pH = 6.5~7.2 较为适宜。如果 NH_4^+ 过多，浓度超过 0.15mol/L，滴定误差会超过 0.2%，应设法先除去。去除的方法是在试液中加入适量的碱使生成的氨挥发，然后再用酸调节溶液的 pH 至适当范围。

3. 干扰离子

能与 Ag^+ 生成沉淀的 PO_4^{3-}、AsO_4^{3-}、SO_3^{2-}、CO_3^{2-}、S^{2-}、$C_2O_4^{2-}$、SO_4^{2-} 等离子及能与 CrO_4^{2-} 生成沉淀的 Ba^{2+}、Sr^{2+}、Pb^{2+} 等对测定都有干扰。在中性或弱碱性溶液中发生水解的 Fe^{3+}、Al^{3+}、Bi^{3+}、Sn^{4+} 等离子以及 Cu^{2+}、Co^{2+}、Ni^{2+} 等有色离子也有干扰，应预先将其分离，由此可见莫尔法的选择性较差。

4. 温度与振荡

反应要在温室下进行，为了防止 AgX 分解，由于滴定生成的 AgCl 沉淀容易吸附溶液中的 Cl^-，使溶液中 $[Cl^-]$ 降低，$[Ag^+]$ 增加，以致未达到化学计量点时，Ag_2CrO_4 沉淀便过早生成，引入误差，所以滴定时速率不能太快；为防止局部过浓，终点提前，必须充分摇动试液，使被吸附的 Cl^- 释放出来，从而获得准确的滴定终点。

（三）应用范围

莫尔法主要用于测定 Cl^-、Br^- 和 Ag^+，不适合测定 I^- 和 SCN^-，原因是 AgI 和 AgSCN 沉淀吸附现象更严重，终点提前，滴定误差大。

测定 Ag^+ 时，应采用返滴定法，即先向 Ag^+ 的试液中滴加过量的 NaCl 标准溶液，再用 $AgNO_3$ 标准滴定溶液滴定剩余的 NaCl。若用直接滴定法，先生成的 Ag_2CrO_4 转化为 AgCl 的速度很慢，滴定终点难以确定。

二、佛尔哈德法（铁铵矾作指示剂）

（一）原理

佛尔哈德法是以铁铵矾作指示剂来确定滴定终点的银量法。该法根据滴定方式可分为直接滴定法和返滴定法。

1. 直接滴定法

在含有 Ag^+ 的酸性溶液中，以铁铵矾作指示剂，用 NH_4SCN 标准滴定溶液直接滴定，当滴定至化学计量点时，微过量的 SCN^- 与 Fe^{3+} 结合生成红色的 $FeSCN^{2+}$，即为滴定终点，反应如下：

滴定反应　　$Ag^+ + SCN^- \longrightarrow AgSCN\downarrow$（白色）

指示反应　　$Fe^{3+} + SCN^- \longrightarrow FeSCN^{2+}\downarrow$（红色）

用 NH_4SCN 溶液滴定 Ag^+ 溶液时，生成的 AgSCN 沉淀能吸附溶液中的 Ag^+，会使红色的出现早于化学计量点。因此在滴定过程中需剧烈摇动，使被吸附的 Ag^+ 释放出来。

实验证明，Fe^{3+} 的浓度控制为 0.015mol/L 时，可以得到满意的结果，滴定误差为 0.2%。

此法优于莫尔法，可以直接测定 Ag^+。

2. 返滴定法

此法是在待测试液中，加入一定体积过量的 $AgNO_3$ 标准滴定溶液，反应完全后，以铁铵矾作指示剂，用 NH_4SCN 标准滴定溶液滴定剩余的 Ag^+。反应如下：

$$Cl^- + Ag^+（过量）\longrightarrow AgCl\downarrow$$

$$Ag^+ + SCN^-（余量）\longrightarrow AgSCN\downarrow$$

滴定终点 $$Fe^{3+} + SCN^- \longrightarrow FeSCN^{2+}$$

（二）滴定条件

（1）溶液酸度。反应需在硝酸的酸性溶液中进行，酸度保持在 0.3~1mol/L。

若在中性溶液中，则 Fe^{3+} 水解生成 $Fe(OH)_3$ 沉淀，影响终点的确定。

若在氨性溶液中，则 $Ag^+ + 2NH_3 \rightarrow Ag(NH_3)_2^+$，改变了 NH_4SCN 的体积，影响测定结果。

若在碱性溶液中，$Ag^+ \rightarrow Ag_2O$ 沉淀 $Fe^{3+} \rightarrow Fe(OH)_3$ 沉淀，影响滴定终点的判断。

在 H_2SO_4、HCl、H_3PO_4 介质中，Ag^+ 生成 Ag_2SO_4 沉淀、AgCl 沉淀、Ag_3PO_4 沉淀，干扰终点的判断。

（2）温度。要求在室温下进行，如果温度太高，$FeSCN^{2+}$ 电离度增加，变色灵敏度下降，影响终点的确定。

（3）摇动。直接法，测 Ag^+、SCN^- 用力摇，可以阻止 AgSCN 吸附；返滴定法，测 Cl^- 则不用剧烈摇动，以阻止 AgCl 转化。

（4）干扰离子。强氧化剂、氮的低价氧化物以及铜盐、汞盐都与 SCN^- 作用形成红色 ONSCN 及 $Cu(SCN)_2$、$Hg(SCN)_2$ 沉淀，大量 Co^{2+}、Ni^{2+} 等有色离子影响终点观察，干扰测定，必须预先除去。

（三）应用范围

佛尔哈德法是在硝酸酸性溶液中进行滴定的，许多弱酸根子离子，如 PO_4^{3-}、AsO_4^{3-}、CrO_4^{2-} 等都不与 Ag^+ 生成沉淀，故此方法的选择性较高，可用来测定 Cl^-、Br^-、I^-、SCN^- 和 Ag^+ 等。

应用此法测定 Br^-、I^- 和 SCN^- 时，滴定终点非常明显。但在测定 I^- 时，为了避免 I^- 对 Fe^{3+} 的还原作用，必须在加入过量 $AgNO_3$ 溶液之后再加入铁铵矾指示剂。

三、法扬司法（吸附指示剂）

（一）原理

法扬司法是一种利用吸附指示剂确定滴定终点的银量法。吸附指示剂是一类有色的有机化合物，在水溶液中被吸附在沉淀表面后，其结构发生变化，从而引起颜色的变化。现以 $AgNO_3$ 溶液滴定 KCl 为例说明指示剂荧光黄的作用。

荧光黄是一种有机弱酸，用 HFI 表示，在水溶液中可离解为荧光黄阴离子 FI^-，呈黄绿色：

$$HFI \longrightarrow H^+ + FI^-（黄绿色）$$

化学计量点前，生成的 AgCl 沉淀吸附过量的 Cl^- 形成（AgCl）·Cl^- 而带负电荷，FI^-

不被吸附，溶液仍呈黄绿色；达化学计量点时，Ag^+过量，生成的 AgCl 沉淀吸附 AgCl 形成（AgCl）·Ag^+而带正电荷，其吸附 FI^-生成 AgCl·Ag·FI 呈现粉红色，指示终点。

$$\underset{\text{黄绿色}}{AgCl \cdot Ag^+ + FI^-} \rightleftharpoons \underset{\text{粉红色}}{AgCl \cdot Ag \cdot FI}$$

如果是用 NaCl 溶液滴定 Ag^+，则颜色的变化正好相反，由粉红色转变为黄绿色。

（二）指示剂的选择

不同指示剂离子被沉淀吸附的能力不同。选择原则：滴定时应选用沉淀对指示剂离子的吸附能力略小于对待测离子的吸附能力，否则在化学计量点前，指示剂离子就取代了被吸附的待测离子，而提前改变颜色。还应注意，沉淀对指示剂离子的吸附能力也不能太小，否则指示剂变色不敏锐，终点滞后而引入较大误差。卤化银沉淀对卤素离子和几种指示剂的吸附能力的顺序为：

$$I^- > \text{二甲基二碘荧光黄} > SCN^- > Br^- > \text{曙红} > Cl^- > \text{荧光黄}$$

由此可以看出，测定 Cl^-时应选择荧光黄作指示剂，测定 Br^-、I^-、SCN^-时应选用曙红。曙红不能用作测定 Cl^-的指示剂，因为 AgCl 沉淀吸附曙红的能力比吸附 Cl^-的能力强，在化学计量点前曙红即被吸附而改变颜色。

（三）滴定条件

（1）保持沉淀呈胶体状态。由于吸附指示剂的颜色变化是发生在沉淀的表面上，为了使终点变色明显，应尽可能使卤化银沉淀呈胶体状态，具有较大的表面积；在滴定前可加入糊精或淀粉作为胶体保护剂，防止 AgCl 沉淀凝聚。

此外，在滴定前将待测溶液适当稀释，也有利于沉淀保持胶体状态。但浓度太低时沉淀很少，观察终点比较困难。用荧光黄作指示剂滴定 Cl^-时，Cl^-浓度要求在 0.005mol/L 以上；滴定 Br^-、I^-、SCN^-的灵敏度稍高，浓度可在 0.001mol/L 以上。

（2）控制溶液酸度。常用的吸附指示剂大多是有机弱酸，起指示作用的是它们的阴离子。酸度大时，H^+会与指示剂阴离子结合成不被吸附的指示剂分子，无法指示终点。酸度的大小与指示剂的离解常数有关，离解常数越大，酸度可以大些。

（3）避免强光照射。卤化银沉淀对光敏感，很快分解析出银转变为灰黑色，影响滴定终点的观察。因此不要在强光直射下进行滴定。

法扬司法的应用范围见表 7-1。

表 7-1 法扬司法的应用范围

被测离子	指示剂	滴定条件	终点颜色变化
Cl^-	荧光黄	pH=7~10	黄绿—粉红
Cl^-	二氯荧光黄	pH=4~10	黄绿—红
Br^-、I^-、SCN^-	曙红	pH=2~10	黄红—红紫
I^-	二甲基二碘荧光黄	中性	黄红—红紫
SCN^-	溴甲酚绿	pH=4~5	黄—蓝
Ag^+	甲基紫	酸性	蓝—紫

第三节 银量法的应用

一、标准滴定溶液的配制与标定

（一）$AgNO_3$ 标准滴定溶液

$AgNO_3$ 标准滴定溶液可以用基准试剂硝酸银直接配制。

市售硝酸银常含有杂质，如金属银、氧化银、游离硝酸、亚硝酸盐等。因此，用这类试剂配制成溶液后，必须用基准物质标定，配制 $AgNO_3$ 溶液用的蒸馏水应不含 Cl^-，配好的 $AgNO_3$ 溶液应保存在棕色玻璃瓶中置于暗处，以免见光分解。

$$2AgNO_3 \xrightarrow{\text{光}} 2Ag + 2NO_2 + O_2$$

$AgNO_3$ 具有腐蚀性，应注意不要使它接触皮肤和衣服。滴定时应使用棕色酸式滴定管。

标定 $AgNO_3$ 溶液的基准物质是 NaCl，用莫尔法标定，指示剂为 K_2CrO_4。NaCl 易吸潮，标定前应将其放入坩埚中，于 500～600℃加热至不再有爆鸣声为止，冷却放干燥器中备用。

在滴定过程中生成的 AgCl 沉淀见光也能分解转变为淡紫至灰黑色，影响终点的观察。

（二）NH_4SCN 标准滴定溶液

硫氰酸铵试剂常含有硫酸盐、氯化物等杂质，纯度仅在 98%以上，应配制成近似浓度的溶液后，用基准物 $AgNO_3$ 或 $AgNO_3$ 标准滴定溶液进行标定和比较。

二、应用实例

（一）水中氯含量的测定

地面水和地下水都含有氯化物，主要是钠、钙、镁的盐类。天然水用漂白粉消毒时也会带入一定量的氯化物，水中氯含量一般多采用莫尔法，即在中性或弱碱性条件下，以 K_2CrO_4 作指示剂，用 $AgNO_3$ 标准滴定溶液进行滴定。

当水样中含有 H_2S 时，可用稀硝酸酸化，并煮沸 5～15min，冷却后调节至 pH＝6.5～10.5。再进行滴定。

$$3H_2S + 2HNO_3 \longrightarrow 3S\downarrow + 4H_2O + 2NO$$

水样中如含有 SO_3^{2-}，它能与 Ag^+ 反应生成 Ag_2SO_3 而使结果偏高，可在滴定前先用 H_2O_2 将 SO_3^{2-} 氧化成 SO_4^{2-}。

若水样颜色过深以致影响滴定终点的观察时，可在滴定前用活性炭或明矾吸附脱色。

水样中含有 PO_4^{3-} 时，应采用佛尔哈德法测定。

（二）烧碱中氯化钠含量的测定

烧碱中 NaCl 的含量可以用佛尔哈德法测定。滴定前应该用浓硝酸中和至酚酞指示剂红色消失，即溶液呈酸性。由于佛尔哈德法测定 Cl^-，滴定终点有 AgCl 转化为 AgSCN 而使红色消失，在用 NH_4SCN 标准滴定溶液滴定剩余 $AgNO_3$ 前，加入硝基苯或邻苯二甲酸丁酯覆盖 AgCl 沉淀，以阻断 AgCl 的转化。

（三）溴化物或碘化物含量的测定

三种银量法中除莫尔法不能测定碘化物外，其他都可以用来测定溴化物或碘化物。目前比较普遍的是法扬司法，以曙红作为吸附指示剂，在醋酸酸性溶液中用 $AgNO_3$ 标准滴定溶液直接滴定至沉淀由黄色变为玫瑰红色即为终点。

三、计算示例

【例 7-1】 称取基准物质 NaCl 0.7526g，溶于 250mL 容量瓶中并稀释至刻度，摇匀，移取 25.00mL 加入 40.00mL $AgNO_3$ 溶液，滴定剩余的 $AgNO_3$ 时，用去 18.25mL NH_4SCN 溶液。直接滴定 40.00mL $AgNO_3$ 溶液时，需要 42.60mL NH_4SCN 溶液。求 $c(AgNO_3)$ 和 $c(NH_4SCN)$。

解： 与 NaCl 反应的 $AgNO_3$ 溶液的体积为

$$40.00\text{mL} - \frac{40.00 \times 18.25}{42.60}\text{mL} = 22.86\text{mL}$$

$$c(AgNO_3) = \frac{0.7526 \times \frac{25}{250}}{58.44 \times 22.86} \times 1000\text{mol/L} = 0.05633\text{mol/L}$$

$$c(NH_4SCN) = \frac{0.05633 \times 40.00}{42.60}\text{mol/L} = 0.05289\text{mol/L}$$

【例 7-2】 溶解 0.5000g 氯化锶试样，加入纯 $AgNO_3$ 1.784g，滴定剩余的 $AgNO_3$ 时用去 $c(NH_4SCN) = 0.2800\text{mol/L}$ 的溶液 25.50mL。求试样中 $SrCl_2$ 含量。

解：

$$M\left(\frac{1}{2}SrCl_2\right) = \frac{158.52}{2} = 79.26(\text{g/mol})$$

$$M(AgNO_3) = 169.9\text{g/mol}$$

$$w(SrCl_2) = \frac{\left(\frac{1.784}{169.9} - 0.2800 \times 0.02550\right) \times 79.26}{0.5000} \times 100\% = 53.27\%$$

单元小结

方法	标准溶液	指示剂	滴定反应	指示剂
莫尔法	$AgNO_3$	K_2CrO_4	$Ag^+ + Cl^- \longrightarrow AgCl\downarrow$ 白色	$2Ag^+ + CrO_4^{2-} \longrightarrow Ag_2CrO_4\downarrow$ 砖红色
佛尔哈德法	NHSCN $AgNO_3$	$FeNH_4(SO_4)_2$	$Ag^+ + SCN^- \longrightarrow AgSCN\downarrow$ 白色	$Fe^{3+} + SCN^- \longrightarrow FeSCN^{2+}\downarrow$ 红色
法扬司法	$AgNO_3$	荧光黄 曙红	$Ag^+ + X^- \longrightarrow AgX\downarrow$ 白色	$AgCl \cdot Ag^+ + FI^- \rightleftharpoons AgCl \cdot Ag \cdot FI$ 黄绿色 粉红色

续表

方法	终点颜色	pH 范围	滴定原理	测定物质	滴定方式	干 扰
莫尔法	白色→砖红色	6.5~10.5 6.5~7.2(NH_3)	分级沉淀	Cl^- Br^- Ag^+	直接 返滴定	与 Ag^+ 反应的阳离子，与 CrO_4^{2-} 反应的阴离子
佛尔哈德法	白色→血红色	稀硝酸 0.3~1mol/L	沉淀转化	Ag^+ Cl^-、Br^-、I^-、SCN^-	直接 返滴定	强氧化剂，有色离子，与 SCN^- 反应的阳离子
法扬司法	黄绿→粉红 橙→深红色	7~10 2~10	吸附原理	Cl^-、Br^-、I^- SCN^-	直接	吸附指示剂小于吸附 X^-

单元习题

一、选择题

1. 莫尔法采用 $AgNO_3$ 标准溶液测定 Cl^- 时，滴定条件是（　　）。

A. pH=2~4　　B. pH=6.5~10.5　　C. pH=3~5　　D. pH≥12

2. 以铁铵矾为指示剂，用 NH_4SCN 标准溶液滴定 Ag^+ 时，其需要的条件是（　　）。

A. 酸性　　B. 中性　　C. 微酸性　　D. 碱性

3. 莫尔法测定 Cl^- 含量时，若溶液的酸度过高，则（　　）。

A. AgCl↓不完全　　B. Ag_2CrO_4↓不容易形成

C. 形成 Ag_2O↓　　D. AgCl↓吸附 Cl^- 的作用增强

4. 莫尔法所用 K_2CrO_4 指示剂的浓度（或用量）应比理论计算值（　　）。

A. 高一些　　B. 低一些　　C. 与理论值一致　　D. 是理论值的两倍

5. 用法扬司法测定氯含量时，在荧光黄指示剂中加入糊精的目的是（　　）。

A. 加快沉淀的凝聚　　B. 减小沉淀的比表面　　C. 加大沉淀的比表面　　D. 加速沉淀的转化

6. 莫尔法测 Cl^- 时，若酸度过高，则（　　）。

A. AgCl 沉淀不完全　　B. Ag_2CrO_4 沉淀不易形成

C. 终点提前出现　　D. 易形成 $AgCl_2^-$

7. 莫尔法不适于测定（　　）。

A. Br^-　　B. I^-　　C. Cl^-　　D. Ag^+

8. 以黄尔法测定水中 Cl^- 含量时，取水样采用的量器是（　　）。

A. 量筒　　B. 量杯　　C. 移液管　　D. 容量瓶

9. 对莫尔法滴定不产生干扰的离子有（　　）

A. Pb^{2+}　　B. Bi^{3+}　　C. NO_3^-　　D. S^{2-}

二、判断题

1. 莫尔法使用的指示剂为 Fe^{3+}，佛尔哈德法使用的指示剂为 K_2CrO_4。（　　）

2. 莫尔法使用的标准溶液为 $AgNO_3$，法扬司法所用的标准溶液为 NH_4SCN。（　　）

3. 莫尔法测定氯离子含量时，溶液的 pH<5，则会造成负误差。（　　）

4. 以铁铵矾为指示剂，用 NH_4SCN 标准溶液滴定 Ag^+ 时，应在碱性条件下进行。（　　）

5. Ag_2CrO_4 的溶液度积（$K_{sp.\ Ag_2CrO_4}=2.0\times10^{-12}$）小于 AgCl 的溶液度积（$K_{sq.\ AgCl}=1.8\times10^{-10}$），所以在含有相同浓度的 CrO_4^{2-} 和 Cl^- 试液中滴加 $AgNO_3$ 时，Ag_2CrO_4 首先沉淀。（　　）

6. 测定水中 Cl^- 含量时，锥形瓶只用自来水洗，不用蒸馏水洗涤。(　　)

7. 测定水中 Cl^- 含量时，移液管用自来水、蒸馏水洗涤后直接移取待测水样。(　　)

8. 莫尔法测 Cl^- 含量是依据分步沉淀的原理，由于 Ag_2CrO_4 沉淀的溶解度比 AgCl 沉淀的溶解度稍大，确保 $AgNO_3$ 标准滴定溶液微过量，才能符合滴定分析误差的要求。(　　)

9. $AgNO_3$ 标准溶液只能用间接法配制。(　　)

10. 莫尔法测 Cl^- 含量时，滴定必须充分摇动，目的是使被吸附的 Cl^- 释放出来。(　　)

三、简答题

1. 什么叫沉淀滴定法？用于沉淀滴定的反应必须符合哪些条件？

2. 莫尔法要求试液的 pH 为多少，为什么？

3. 什么叫分级沉淀？试用分级沉淀的现象说明莫尔法的依据。

4. 佛尔哈德法的反应条件有哪些？

5. 吸附指示剂的作用原理是什么？

6. 法扬司法的反应条件有哪些？

7. 在下列条件下，银量法测定结果是偏高还是偏低，为什么？

(1) pH=2 时，用莫尔法测定 Cl^-；

(2) 用佛尔哈德法测定 Cl^-，未加 1，2-二氯烷有机溶剂。

8. 为了使指示剂在滴定终点颜色变化明显，使用吸附指示剂时应注意哪些问题？

四、计算题

1. 基准物 NaCl 0.1173g 溶解后加入 30.00mL $AgNO_3$ 溶液，过量的 Ag^+ 需用去 3.20mL NH_4SCN 溶液。已知滴定 20.00mL $AgNO_3$ 溶液要 21.00mL NH_4SCN 溶液。计算 $AgNO_3$ 和 NH_4SCN 溶液的浓度。

2. 有一纯 KIO_x 试剂 0.4988g，将它适当处理使之还原成碘化物，然后用 0.1125mol/L $AgNO_3$ 溶液 20.72mL 滴定到终点。求 x 的值。

3. NaCl 试液 20.00mL，用 0.1023mol/L $AgNO_3$ 溶液 27.00mL 滴定至终点。求每升溶液中含 NaCl 多少克。

4. 氧化物试样 0.2266g 溶解后加入 0.1121mol/L $AgNO_3$ 溶液 30.00mL，过量 $AgNO_3$ 以 0.1155mol/L NH_4SCN 溶液滴定，用去 6.50mL。计算试样中氯的含量。

5. 将 0.3000g 合金溶于 HNO_3，滴定 Ag^+ 时用去 23.30mL 的 0.1000mol/L NH_4SCN 溶液。计算合金中银的含量。

6. 含有纯 KCl 和 KBr 的混合物各 0.20000g 溶解后，以 0.2000mol/L $AgNO_3$ 溶液滴定，需用多少毫升？

第八单元　称量分析法

【单元导读】

称量分析通常是指通过物理或化学方法，将试样中待测组分以某种形式与其他组分分离，以称量的方法称得待测组分或它的难溶化合物的质量，进而计算出待测组分在试样中的含量的方法。例如测定溶液中的 Ba^{2+} 含量，可以通过加入过量稀 H_2SO_4，使 Ba^{2+} 转化为 $BaSO_4$ 沉淀。

【知识目标】

掌握：（1）称量分析法的特点和分类；
（2）沉淀纯净的方法、沉淀的条件、沉淀的处理；
（3）称量分析的计算；
（4）晶形沉淀的沉淀条件，无定形沉淀的沉淀条件。
理解：（1）称量分析法对沉淀形式和称量形式的要求；
（2）影响沉淀完全、纯净的因素及处理办法。

【能力目标】

能利用称量分析法的分析过程来解决实际问题。

第一节　概　　述

称量分析法是一种比较古老经典的分析方法，对常量分析准确度较高，但操作复杂，对化验员操作技能有较高的要求。通过本节基础知识的学习，对照《化学检验员》职业技能标准，提升实际操作能力。

一、称量分析法的特点和分类

（一）称量分析法的特点

称量分析法的特点是先分离后称量。该方法是化学分析中的经典方法，只需将被测组分以某种形式与其他组分分离，直接称量试样和所得物质的质量，即可获得分析结果。

（二）称量分析法的分类

根据分离方法的不同，一般可将称量分析法分为以下四类：

（1）沉淀法。沉淀法是称量分析法中的主要方法，这种方法是利用试剂与待测组分生成溶解度很小的沉淀，经过滤、洗涤、烘干或灼烧成为组成一定的物质，然后称其质量，再计算待测组分的含量。例如，测定试样中 SO_4^{2-} 含量时，在试液中加入过量 $BaCl_2$ 溶液，

使 SO_4^{2-} 完全生成难溶的 $BaSO_4$ 沉淀，经过滤、洗涤、烘干、灼烧后，称量 $BaSO_4$ 的质量，再计算试样中的 SO_4^{2-} 的含量。在水质检测中常用沉淀法测定残渣以及水处理相关的滤层中含泥量的检测。

（2）气化法（也称挥发法）。利用物质的挥发性质，通过加热或其他方法使试样中的待测组分挥发逸出，然后根据试样质量的减少来计算该组分的含量；或者用吸收剂吸收逸出的组分，根据吸收剂质量的增加来计算该组分的含量。例如，测定氯化钡晶体（$BaCl_2 \cdot 2H_2O$）中结晶水的含量，可将一定质量的氯化钡试样加热，使水分逸出，根据氯化钡质量的减轻称出试样中水分的含量。也可以用吸湿剂（高氯酸镁）吸收逸出的水分，根据吸湿剂质量的增加来计算水分的含量。

（3）电解法。利用电解的方法使待测金属离子在电极上还原析出，然后称量，根据电极增加的质量，求得其含量。例如，电解法测定铜合金中铜的含量，试样经电解后，由 Pt 阴极增加的质量，即可求出铜的含量。

（4）萃取法（提取法）。利用被测物质在两种互不相溶的溶剂中溶解度的不同，使被测物与试样中的其他组分分离，然后将萃取液处理掉，称取萃取物的质量，计算被测组分的含量。

（三）优点

不需要用基准物质和容量仪器，引入误差小、准确度高。对常量组分的测定，相对误差为 0.1%~0.2%；可对高含量组分，如硅、磷、钨、稀土元素等进行精确分析，某些仲裁分析和标样分析，至今仍采用称量分析法。

（四）缺点

称量分析法操作起来比较烦琐，费时较多，不能满足快速分析的要求。对于低含量组分的测定误差较大。因此，现在有些元素的称量分析法已经被快速分析方法所取代。

（五）适用范围

（1）高、中含量组分（>1%）物质的精确分析。

（2）利用沉淀反应进行分离、富集、提纯，是分析化学中的重要分离方法之一。

以上所述的几种方法以沉淀法应用较多，它也是称量分析法的基本方法，本单元主要讨论沉淀法。在沉淀法中，最重要的一步是进行沉淀反应，其中沉淀剂的选择和用量、沉淀反应的条件以及沉淀含有的杂质等都会影响分析结果的准确度。

二、称量分析对沉淀的要求

利用沉淀法进行分析时，待测组分在进行沉淀反应后，以“沉淀形式”沉淀出来，然后经过滤、洗涤、烘干或灼烧形成“称量形式”，再进行称量。“沉淀形式”和“称量形式”可能是相同的，也可能是不相同的。例如：

$$Ba^{2+} \longrightarrow BaSO_4 \longrightarrow BaSO_4$$

$$Fe^{3+} \longrightarrow Fe(OH)_3 \longrightarrow Fe_2O_3$$

待测组分　　沉淀形式　　称量形式

（一）对沉淀形式的要求

（1）沉淀的溶解度要小。沉淀的溶解度必须很小，才能使被测组分沉淀完全。根据一般分析结果的误差要求，沉淀的溶解损失不应超过分析天平的称量误差，即 0.2mg。例如，测定 Ca^{2+} 时，以 $CaSO_4$ 和 CaC_2O_4 两种沉淀形式作比较，$CaSO_4$ 的溶解度较大（$K_{sp}=2.45\times10^{-5}$），CaC_2O_4 的溶解度小（$K_{sp}=1.78\times10^{-9}$）。显然，沉淀为 CaC_2O_4 的溶解损失要少得多，不影响分析结果。

（2）沉淀必须纯净，且易于过滤和洗涤。颗粒较大的晶形沉淀（如 $MgNH_4PO_4$）吸附杂质少，容易洗净；颗粒较小的晶形沉淀（如 $BaSO_4$、CaC_2O_4）就差一些，吸附杂质稍多，有时过滤会渗漏，洗涤次数也相应增多。

非晶形沉淀，如 $Al(OH)_3$、$Fe(OH)_3$，体积庞大疏松，吸附杂质较多，过滤费时且不易洗净。对于这类沉淀，必须选择适当的沉淀条件以满足对沉淀形式的要求。

（3）沉淀应易于转变为称量形式。沉淀经烘干、灼烧时，应易于转变为称量形式。例如 Al^{3+} 的测定，若沉淀为 8-羟基喹啉铝 $Al(C_9H_6NO)_3$，在 130℃烘干后即可称量；而沉淀为 $Al(OH)_3$，则必须在 1200℃灼烧才能转变成无吸湿性的 Al_2O_3 后，方可称量。因此，测定 Al^{3+} 时选择前一种方法比较好。

（二）对称量形式的要求

（1）称量形式的组成必须与化学式符合。称量形式的组成必须符合一定的化学式，才能根据化学式进行结果的计算。例如 PO_4^{3-} 的测定，可以形成磷钼酸铵沉淀，但是其组成不固定，无法利用它作为测定 PO_4^{3-} 的称量形式。若用磷钼酸喹啉法测定 PO_4^{3-}，就可得到组成与化学式符合的称量形式。

（2）称量形式要有足够的化学稳定性。沉淀的称量形式不应受空气中的水分、CO_2 和 O_2 的影响而发生变化，本身也不应分解或变质。例如测定 Ca^{2+} 时，若沉淀为 $CaC_2O_4\cdot H_2O$，灼烧后得到的 CaO 易吸收空气中的水分和 CO_2，不易作为称量形式。

（3）称量形式应具有尽可能大的摩尔质量。称量形式的摩尔质量大，则被测组分在称量形式中的所占的比率小，可减小称量误差，进而提高分析结果的准确度。例如测定铝时，称量形式可以是 Al_2O_3（$M=101.96$g/mol）或 8-羟基喹啉铝（$M=459.44$g/mol）。如果在操作过程中损失 0.2mg 的沉淀，以 Al_2O_3 为称量形式时，铝的损失量：

$$Al_2O_3:2Al=0.2:x,\ x=0.10\text{mg}$$

以 8-羟基喹啉铝为称量形式时铝的损失量：

$$Al(C_9H_6NO)_3:Al=0.2:x,\ x=0.01\text{mg}$$

显然，以 $Al(C_9H_6NO)_3$ 作为称量形式比用 Al_2O_3 作为称量形式测定 Al 的准确度高。也就是说选择适当的沉淀剂，得到有较大摩尔质量的称量形式，可以有效地减小测定误差。

三、影响沉淀完全的因素

在利用沉淀反应进行称量分析时，要求沉淀反应进行完全。一般可以根据反应达到平衡后，溶液中未被沉淀的待测组分的量来衡量，也就是根据沉淀物的溶解度的大小来衡量。在称量分析中，要求沉淀因溶解而损失的量不超过分析天平所允许的称量误差 0.2mg，选择沉淀的溶解度小于 $10^{-4}\sim10^{-5}$mol/L，即可认为沉淀完全。但许多沉淀不能满足这个要求。

影响沉淀溶解度的因素有很多，有同离子效应、异离子效应、酸效应、配位效应等，这些因素对溶解度大小的影响，都能用化学平衡移动原理进行解释；此外，温度、溶剂、沉淀结构及颗粒大小等对沉淀的溶解度也有影响。若有两个及以上因素时，应考虑谁是主要矛盾谁是次要矛盾，引导学生在生活中分清主要矛盾和次要矛盾，选对方向，坚持不懈，才能成功。

（一）同离子效应

当沉淀反应达到平衡时，若向溶液中加入与沉淀组成相同离子的试剂或溶液，则沉淀的溶解度降低，这种现象称为同离子效应。

例：用 $BaCl_2$ 将 SO_4^{2-} 沉淀为 $BaSO_4$，$K_{sp,BaSO_4}=1.1\times10^{-10}$，当加入 $BaCl_2$ 的量与 SO_4^{2-} 的量符合化学计量关系时（反应正好完全），在 200mL 溶液中溶解的 $BaSO_4$ 的质量为：

$$\sqrt[2]{1.1\times10^{-10}}\times233\times\frac{200}{1000}\text{g}=5\times10^{-4}\text{g}=0.5\text{mg}>0.2\text{mg}$$

溶液损失的量已超过称量分析的要求。如果利用同离子效应向溶液中加入过量的 $BaCl_2$，使溶液中的 Ba^{2+}浓度为 0.01mol/L，则 $BaSO_4$ 在 200mL 溶液中溶解的质量为：

$$\frac{1.1\times10^{-10}}{0.01}\times233\times\frac{200}{1000}\text{g}=5\times10^{-7}\text{g}=0.0005\text{mg}<0.2\text{mg}$$

显然，这个损失量远小于称量分析的允许误差，可以认为 SO_4^{2-} 已经沉淀完全。

因此，在称量分析中，常加入过量的沉淀剂，利用同离子效应来降低沉淀的溶解度，使待测组分沉淀完全。但是否过量的越多越好呢？事实证明，沉淀剂过量太多，有可能引起异离子效应、酸效应或配位效应，反而使沉淀的溶解度增大。

表 8-1 列出了 $PbSO_4$ 在不同浓度的 Na_2SO_4 溶液中的溶解度。

表 8-1 $PbSO_4$ 在 Na_2SO_4 溶液中的溶解度

$s_{Na_2SO_4}$/mol·L^{-1}	0	0.001	0.01	0.02	0.04	0.10	0.20	0.50
s_{PbSO_4}/mol·L^{-1}	0.15	0.024	0.016	0.014	0.013	0.016	0.023	0.023

从表 8-1 可以看出，当 Na_2SO_4 的浓度由 0 增至 0.04mol/L 时，同离子效应显著，$PbSO_4$ 的溶解度随 Na_2SO_4 浓度的增大而减小；Na_2SO_4 的浓度大于 0.04mol/L 时，异离子效应增强，$PbSO_4$ 的溶解度又重新增大。

由此可见，在利用同离子效应降低沉淀溶解度时，应当考虑到异离子效应等的影响，也就是说沉淀剂不能过量太多，否则将使沉淀的溶解度增大。因此，沉淀剂过量的程度，应根据沉淀剂的性质来确定。在烘干或灼烧是易挥发除去的沉淀剂可过量多些，约 50%～100%；对于不易挥发除去的沉淀剂以过量 20%～30%为宜。

（二）异离子效应（盐效应）

沉淀反应达到平衡时，由于强电解质的存在或加入其他强电解质，使沉淀的溶解度增大，这种现象称为异离子效应（盐效应）。例如在 KNO_3 强电解质存在的情况下，$BaSO_4$、AgCl 的溶解度比在纯水中大，而且溶解度随强电解质浓度的增大而增加，见表 8-2。

应该指出，如果沉淀本身的溶解度很小，一般来说，异离子效应的影响是很小的，可以忽略不计。例如许多水合氧化物沉淀和某些金属螯合物沉淀，其异离子效应影响可以忽略。

表 8-2 $BaSO_4$ 和 AgCl 在 KNO_3 溶液中的溶解度（25℃）

c_{KNO_3}/mol·L^{-1}	$BaSO_4$ 溶解度 $s\times10^{-5}$/mol·L^{-1}	s/s_0	c_{KNO_3}/mol·L^{-1}	$BaSO_4$ 溶解度 $s\times10^{-5}$/mol·L^{-1}	s/s_0
0.00	0.96(s_0)	1.00	0.00	1.278(s_0)	1.00
0.001	1.16	1.21	0.001	1.325	1.04
0.005	1.42	1.48	0.005	1.385	1.08
0.01	1.63	1.70	0.01	1.427	1.12
0.036	2.35	2.45			

注：s_0 是该物质在纯水中的溶解度；s 是该物质在 KNO_3 溶液中的溶解度。

（三）酸效应

溶液的酸度对沉淀溶解度的影响称为酸效应。组成沉淀的金属离子和酸根离子可能与溶液中的 H^+或 OH^-反应而影响沉淀的溶解度。酸效应的发生主要是由于溶液中 H^+浓度的大小对弱酸、多元酸或难溶酸离解平衡的影响。因此，酸效应对于不同类型沉淀的影响情况不一样，若沉淀是强酸盐（如 $BaSO_4$、AgCl 等）其溶解度受酸度影响不大，但对弱酸盐如 CaC_2O_4 则酸效应影响就很显著。如 CaC_2O_4 沉淀在溶液中有下列平衡：

例如，CaC_2O_4 沉淀在溶液中存在下列平衡：

$$CaC_2O_4 \rightleftharpoons Ca^{2+} + C_2O_4^{2-}$$

$$C_2O_4^{2-} \overset{H^+}{\rightleftharpoons} HC_2O_4^- \overset{H^+}{\rightleftharpoons} H_2C_2O_4$$

当溶液中的 H^+浓度增大时，平衡向右移动，生成 $HC_2O_4^-$ 甚至生成 $H_2C_2O_4$，破坏 CaC_2O_4 的沉淀平衡，CaC_2O_4 就会部分溶解甚至全部溶解，CaC_2O_4 在 pH=2 的溶液中的溶解度为 6.1×10^{-4}mol/L，比在 pH=5 的溶液中的溶解度 4.8×10^{-5}mol/L 约增大 13 倍。

为了防止沉淀溶解损失，对于弱酸盐沉淀，如碳酸盐、草酸盐、磷酸盐等，通常应在较低的酸度下进行沉淀。如果沉淀本身是弱酸，如硅酸（$SiO_2\cdot nH_2O$）、钨酸（$WO_3\cdot nH_2O$）等，易溶于碱，则应在强酸性介质中进行沉淀。如果沉淀是强酸盐，如 AgCl 等，在酸性溶液中进行沉淀时，溶液的酸度对沉淀的溶解度影响不大。对于硫酸盐沉淀，例如 $BaSO_4$、$SrSO_4$ 等，由于 H_2SO_4 的 K_{a_2}($K_{a_2}=1.0\times10^{-2}$) 不大，当溶液的酸度太高时，沉淀的溶解度也随之增大。

（四）配位效应

进行沉淀反应时，若溶液中存在有能与生成沉淀的离子生成可溶性配合物的配位剂时，则可使沉淀的溶解度增大，这种现象称为配位效应。

配位剂主要来自两方面，一是沉淀剂本身就是配位剂，二是加入的其他试剂。

例如用 Cl^-沉淀 Ag^+时，得到 AgCl 白色沉淀，若向此溶液加入氨水，则因 NH_3 配位形成 $[Ag(NH_3)_2]^+$，使 AgCl 的溶解度增大，甚至全部溶解（氨水浓度足够大的情况下）。如果在沉淀 Ag^+时，加入过量的 Cl^-，则 Cl^-能与 AgCl 沉淀进一步形成 $AgCl_2^-$ 和 $AgCl_3^{2-}$ 等配离子，也使 AgCl 沉淀逐渐溶解。这时 Cl^-沉淀剂本身就是配位剂。由此可见，在用沉淀剂进行沉淀时，应严格控制沉淀剂的用量，同时注意外加试剂的影响。

配位效应使沉淀的溶解度增大的程度与沉淀的溶度积、配位剂的浓度和形成配合物的稳定常数有关。沉淀的溶度积越大，配位剂的浓度越大，形成的配合物越稳定，沉淀就越容易溶解。

综上所述，在实际工作中应根据具体情况来考虑哪种效应是主要的。对无配位反应的强酸盐沉淀，主要考虑同离子效应和盐效应；对弱酸盐或难溶盐的沉淀，多数情况主要考虑酸效应；对于有配位反应且沉淀的溶度积又较大，易形成稳定配合物时，应主要考虑配位效应。

（五）其他影响因素

除上述因素外，温度和其他溶剂的存在、沉淀颗粒大小和结构等，都对沉淀的溶解度有影响。

（1）温度的影响。沉淀的溶解一般是吸热过程，其溶解度随温度升高而增大。因此，对于一些在热溶液中溶解度较大的沉淀，在过滤洗涤时必须在室温下进行，如 $MgNH_4PO_4$、CaC_2O_4 等。对于一些溶解度小，冷时又较难过滤和洗涤的沉淀，则采用趁热过滤，并用热的洗涤液进行洗涤，如 $Fe(OH)_3$、$Al(OH)_3$ 等。

（2）溶剂的影响。无机物沉淀大部分是离子型晶体，它们在有机溶剂中的溶解度一般比在纯水中要小。例如 $PbSO_4$ 沉淀在 100mL 水中的溶解度为 1.5×10^{-4}mol/L，而在 100mL $\varphi_{乙醇}=50\%$的乙醇溶液中的溶解度为 7.6×10^{-6}mol/L。

（3）沉淀颗粒大小和结构的影响。同一种沉淀，在质量相同时，颗粒越小，其总表面积越大，溶解度越大。由于小晶体比大晶体有更多的角、边和表面，处于这些位置的离子受晶体内离子的吸引力小，又受到溶剂分子的作用，容易进入溶液中。因此，小颗粒沉淀的溶解度比大颗粒沉淀的溶解度大。例如，大颗粒的 $SrSO_4$ 沉淀的溶解度为 6.2×10^{-4}，当颗粒减小到 0.01μm 时，溶解度为 9.3×10^{-4}，溶解度增加约 50%。所以，在实际分析中，经常将有沉淀的溶液放置一段时间，进行陈化，使小颗粒形成大颗粒，以减小沉淀的溶解损失，同时也有利于过滤和洗涤。

第二节　沉淀的纯净

在称量分析中，要求获得的沉淀是纯净的。但是，沉淀从溶液中析出时，总会或多或少地夹杂溶液中的其他组分，使沉淀受到玷污，从而影响分析结果的准确度。因此就必须了解影响沉淀纯度的各种因素，找出减少杂质混入的方法，以获得符合称量分析要求的沉淀。

一、影响沉淀纯净的因素

影响沉淀纯度的主要因素有共沉淀现象和后沉淀现象。

（一）共沉淀

当沉淀从溶液中析出时，溶液中的某些可溶性组分也同时沉淀下来的现象称为共沉淀。例如，在 Na_2SO_4 溶液中加入 $BaCl_2$ 时，若从溶解度来看，Na_2SO_4 和 $BaCl_2$ 都不应沉淀，但由于共沉淀现象，会有少量的 Na_2SO_4 或 $BaCl_2$ 被带入到 $BaSO_4$ 沉淀中。共沉淀是引起沉淀不纯的主要原因，也是称量分析误差的主要来源之一。产生共沉淀现象主要原因有表面吸附、吸留和包藏、形成混晶等三类。

（二）后沉淀

在沉淀析出后，另一种本来难沉淀的物质在沉淀表面上析出的现象。例如：Mg^{2+}存在时以 $(NH_4)_2C_2O_4$ 沉淀 Ca^{2+}，由于 MgC_2O_4 的溶解度大，易形成过饱和溶液而不立即析出。但当 CaC_2O_4 沉淀析出后，沉淀表面吸附 $C_2O_4^{2-}$ 而使表面区域 $C_2O_4^{2-}$ 浓度增大，MgC_2O_4 便沉淀析出。若将含有 Mg^{2+}的母液与 CaC_2O_4 沉淀一起放置一段时间，则 MgC_2O_4 沉淀的量将会增多。即由后沉淀引入杂质的量比共沉淀要多，且随沉淀在溶液中放置时间的延长而增多。因此要避免或减少后沉淀的发生，主要是缩短沉淀与母液共置的时间。所以，有后沉淀现象发生时就不要进行陈化。

二、沉淀纯净的方法

为了提高沉淀的纯度，减少玷污，可采用下列措施。

（1）采用适当的分析程序。当试液中含有几种组分时，首先应沉淀低含量组分，再沉淀高含量组分。反之，由于大量沉淀析出，会使部分低含量组分因共沉淀而产生测定误差。

（2）降低易被吸附杂质离子的浓度。对于易被吸附的杂质离子，可采用适当的掩蔽方法或改变杂质离子价态来降低其浓度。例如，将 SO_4^{2-} 沉淀为 $BaSO_4$ 时，Fe^{3+}易被吸附，可把 Fe^{3+}还原为不易被吸附的 Fe^{2+}或加酒石酸、EDTA 等，使 Fe^{3+}生成稳定的配离子，以减小沉淀对 Fe^{3+}的吸附。

（3）再沉淀。必要时将沉淀过滤、洗涤、溶解后，再进行一次沉淀。再沉淀时，溶液中杂质的量大为降低，共沉淀和后沉淀现象自然减小。

（4）选择适当的洗涤液洗涤沉淀。吸附作用是可逆过程，用适当的洗涤液通过洗涤交换的方法，可洗去沉淀表面吸附的杂质离子。例如，$Fe(OH)_3$ 吸附 Mg^{2+}，用 NH_4NO_3 稀溶液洗涤时，被吸附在沉淀表面的 Mg^{2+}会与洗涤液的 NH_4^+ 发生交换，吸附在沉淀表面的 NH_4^+，可在燃烧沉淀时分解除去。

为了提高洗涤沉淀的效率，同体积的洗涤液应尽可能分多次洗涤，通常称为“少量多次”的洗涤原则。

（5）选择适宜的沉淀条件。沉淀的吸附作用与沉淀的类型、颗粒大小、沉淀时的速度、陈化时间等有关。因此，对不同类型的沉淀，应选用不同的沉淀条件，以减少共沉淀现象的发生。

（6）选择有机沉淀剂。无机沉淀剂选择性差、吸附杂质多，难于过滤和洗涤。有机沉淀剂选择性高，一方面能降低沉淀的溶解度；另一方面还可以减少共沉淀现象及形成混晶的概率，与待测组分作用常能获得颗粒较大的晶形沉淀，吸附杂质少，易于过滤和洗涤。例如，四苯硼酸钠 $NaB(C_6H_5)_4$ 是测定 K^+的良好沉淀剂，生成的 $KB(C_6H_5)_4$ 沉淀组成恒定，易于过滤和洗涤，烘干后即可直接称量。

第三节　沉淀的类型和条件

研究沉淀的类型和沉淀的形成过程，主要是为了选择适宜的沉淀条件，以获得纯净且易于分离和洗涤的沉淀。

一、沉淀的类型

沉淀按其物理性质的不同，可粗略地分为晶形沉淀和无定形沉淀（非晶形沉淀）两大类。

（一）晶形沉淀

晶形沉淀是指具有一定形状的晶体，其内部排列规则有序，颗粒直径约为0.1~1μm。这类沉淀的特点是，结构紧密，内部排列规则，具有明显的晶面，沉淀所占体积小，比表面积小，吸附杂质少，易沉降、过滤和洗涤。如$MgNH_4PO_4$、$BaSO_4$等典型的晶形沉淀。

（二）无定形沉淀

无定形沉淀是指无晶体结构特征的一类沉淀。如$Fe_2O_3 \cdot nH_2O$，$P_2O_3 \cdot nH_2O$是典型的无定型沉淀。无定型沉淀是由许多聚集在一起的微小颗粒（直径小于0.02μm）组成的，结构疏松，内部排列杂乱无章，无明显晶面，体积庞大，吸附杂质多，不能很好沉降，难于过滤和洗涤。它与晶型沉淀的主要差别在于颗粒大小不同。

介于晶型沉淀与无定形沉淀之间，颗粒直径在0.02~0.1μm的沉淀，如AgCl，称为凝乳状沉淀，其性质也介于两者之间。

在沉淀过程中，究竟生成的沉淀属于哪一种类型，主要取决于沉淀本身的性质和沉淀的形成条件两个方面。例如$BaSO_4$沉淀，在热的稀溶液中进行析出细晶形沉淀，而在热的浓溶液中进行析出的是胶状沉淀。

二、沉淀的条件

在重量分析中，为了获得准确的分析结果，要求沉淀完全、纯净、易于过滤和洗涤，并减小沉淀的溶解损失。因此，对于不同类型的沉淀，应当选用不同的沉淀条件。

（一）晶形沉淀

为了形成颗粒较大的晶形沉淀，可采取以下沉淀条件：

（1）在适当稀、热溶液中进行：在稀、热溶液中进行沉淀，可使溶液中相对过饱和度保持较低，以利于生成晶形沉淀；同时也有利于得到纯净的沉淀。对于溶解度较大的沉淀，溶液不能太稀，否则沉淀溶解损失较多，影响结果的准确度。在沉淀完全后，应将溶液冷却后再进行过滤。

（2）快搅慢加：在不断搅拌的同时缓慢滴加沉淀剂，可使沉淀剂迅速扩散，防止局部相对过饱和度过大而产生大量小晶粒。

（3）陈化：陈化是指沉淀完全后，为了减少吸附和夹带的杂质离子，经放置或加热得到易于过滤的粗颗粒沉淀的操作。经过陈化后的沉淀，可使小晶粒变为大晶粒，同时使不完整的晶体变得更加完整和纯净。当有后沉淀的杂质离子存在时，陈化时间不宜过长，否则会增加沉淀中的杂质。适当加热和搅拌可以缩短陈化时间。

（二）无定形沉淀

对于这类沉淀，关键问题是创造适宜的沉淀条件来改善沉淀的结构，使之不致形成胶体，并且有较紧密的结构，便于过滤和减小杂质吸附。因此，无定形沉淀的沉淀条件是：

（1）在较浓的溶液中进行沉淀：在浓溶液中进行沉淀，沉淀剂加入的速度要快些。这样微粒较易凝聚，体积小，含水量也少，沉淀的结构较紧密。但在浓溶液中杂质的浓度也比较高，沉淀吸附杂质的量也较多。因此，在沉淀完毕后，应立即加入热水稀释搅拌，使被吸附的杂质离子转移到溶液中。

（2）在热溶液中及电解质存在下进行沉淀：在热溶液中进行沉淀可防止生成胶体，并减少杂质的吸附。电解质的存在，可促使带电荷的胶体粒子相互凝聚沉降，加快沉降速度，因此，电解质一般选用易挥发性的铵盐，如 NH_4NO_3 或 NH_4Cl 等，它们在灼烧时均可挥发除去，不影响分析结果的准确度。有时在溶液中加入与胶体带相反电荷的另一种胶体来代替电解质，可使被测组分沉淀完全。例如测定 SiO_2 时，加入带正电荷的动物胶与带负电荷的硅酸胶体凝聚而沉降下来。

（3）趁热过滤、洗涤，不需陈化：沉淀完毕后，趁热过滤，不要陈化，因为沉淀放置后逐渐失去水分，聚集得更为紧密，使吸附的杂质更难洗去。洗涤无定形沉淀时，一般选用热、稀的电解质溶液作洗涤液，主要是防止沉淀重新变为胶体难于过滤和洗涤，常用的洗涤液有 NH_4NO_3、NH_4Cl 或氨水。

（4）必要时进行再沉淀：无定形沉淀吸附杂质较严重，一次沉淀很难保证沉淀纯净，所以需要进行二次沉淀，以除去沉淀中的杂质，必要时可进行第三次沉淀。

（三）均匀沉淀法（均相沉淀法）

为改善沉淀条件，避免因加入沉淀剂所引起的溶液局部相对过饱和的现象发生，采用均匀沉淀法。这种方法是通过某一化学反应，使沉淀剂从溶液中缓慢地、均匀地产生出来，从而使沉淀在整个溶液中缓慢而均匀地析出，获得颗粒较大、结构紧密、纯净、易于过滤和洗涤的沉淀。例如，沉淀 Ca^{2+} 时，如果直接加入 $(NH_4)_2C_2O_4$，尽管按晶形沉淀条件进行沉淀，仍得到颗粒细小的 CaC_2O_4 沉淀。若在含有 Ca^{2+} 的溶液中以 HCl 酸化，然后加入 $(NH_4)_2C_2O_4$，溶液中主要存在的是 $HC_2O_4^-$ 和 $H_2C_2O_4$，此时，向溶液中加入尿素并加热至 90℃，尿素将逐渐水解产生 NH_3。

$$CO(NH_2)_2 + H_2O \rightleftharpoons 2NH_3 + CO_2\uparrow$$

水解产生的 NH_3 均匀地分布在溶液的各个部分，使溶液的酸度逐渐降低，$C_2O_4^{2-}$ 浓度渐渐增大，CaC_2O_4 均匀而缓慢地析出，形成颗粒较大的晶形沉淀。

均匀沉淀法还可以利用有机化合物的水解（如酯类水解）、配合物的分解、氧化还原反应等方式进行，见表 8-3。

表 8-3　某些均匀沉淀法的应用

沉淀剂	加入试剂	反　应	被测组分
OH^-	尿素	$CO(NH_2)_2 + H_2O \longrightarrow CO_2 + 2NH_3$	Al^{3+}、Fe^{3+}、Bi^{3+} 等
OH^-	六亚甲基四胺	$(CH_2)_6N_4 + 6H_2O \longrightarrow 6HCHO + 4NH_3$	Th^{4+}

续表 8-3

沉淀剂	加入试剂	反　　应	被测组分
PO_4^{3-}	磷酸三甲酯	$(CH_3)_3PO_4 + 3H_2O \longrightarrow 3CH_3OH + H_3PO_4$	Zr^{4+}、Hf^{4+}
S^{2-}	硫代乙酰胺	$CH_3CSNH_2 + H_2O \longrightarrow CH_3CONH_2 + H_2S$	金属离子
SO_4^{2-}	硫酸二甲酯	$(CH_3)_2SO_4 + 2H_2O \longrightarrow 2CH_3OH + SO_4^{2-} + 2H^+$	Ba^{2+}、Sr^{2+}、Pb^{2+}
$C_2O_4^{2-}$	草酸二甲酯	$(CH_3)_2C_2O_4 + 2H_2O \longrightarrow 2CH_3OH + H_2C_2O_4$	Ca^{2+}、Th^{4+}、稀土
Ba^{2+}	Ba - EDTA	$BaY^{2-} + 4H^+ \longrightarrow H_4Y + Ba^{2+}$	SO_4^{2-}
CrO_4^{2-}	Cr^{3+} + 溴酸盐	$2Cr^{3+} + BrO_3^- + 5H_2O \longrightarrow 2CrO_4^{2-} + Br^- + 10H^+$	Pb^{2+}

第四节　沉淀的处理

沉淀完毕后，还需经过滤、洗涤、烘干或灼烧，最后得到符合要求的称量形式，进行称量。根据不同类型的沉淀，对沉淀量的要求也不同。对于体积小、容易过滤和洗涤的晶形沉淀，可以多一些；但不能过多，否则过滤洗涤耗费时间。对于体积较大、不易过滤和洗涤的无定形沉淀，应适当少一些；但也不能太少，以免引入较大的测定误差。一般来说，沉淀称量形式较适宜的质量，晶形沉淀为 0.3~0.5g，无定形沉淀为 0.1~0.2g。

一、沉淀的过滤和洗涤

称量分析中常用的过滤仪器有漏斗、滤纸或玻璃砂芯漏斗（或坩埚）。

过滤是将沉淀与母液分开。根据沉淀性质的不同，过滤沉淀时常采用定量滤纸（也称无灰滤纸）或微孔玻璃砂芯坩埚过滤。对于需要灼烧的沉淀，应根据沉淀的性状选用紧密程度不同的滤纸（表 8-4）。

表 8-4　定量滤纸规格及用途

滤纸类型	色带标志	灰分/mg·张$^{-1}$	滤速/s·mL^{-1}	用　途
快速	白	<0.01	10~30	过滤无定形沉淀，如 $Fe(OH)_3$ 等
中速	蓝	<0.01	30~60	过滤粗晶形沉淀，如 $MgNH_4PO_4$、CaC_2O_4 等
慢速	红	<0.01	60~120	过滤细晶形沉淀，如 $BaSO_4$ 等

滤纸大小的选择取决于沉淀量的多少和沉淀的性状。一般要求沉淀的量不超过滤纸圆锥体高度的一半，否则不好洗涤。无定形沉淀，如 $Fe(OH)_3$ 体积较大，宜选用直径为 11cm 的快速滤纸；晶形沉淀，如 $BaSO_4$ 颗粒较小，则选用直径为 7~9cm 的慢速滤纸。

对于只需烘干即可作为称量形式的沉淀，应选用微孔玻璃砂芯坩埚过滤。微孔玻璃砂芯坩埚的过滤层是用玻璃粉末在高温熔结而成的。按照玻璃粉的粗细不同，孔隙大小不同，一般分为六个级别，见表 8-5。

使用微孔玻璃砂芯坩埚的优点是，采用减压抽滤法，分离沉淀和洗涤的速度比用滤纸过滤要快得多。

洗涤沉淀是为了洗去沉淀表面吸附的杂质和混杂在沉淀中的母液。洗涤时要尽量减小

表 8-5 微孔玻璃砂芯坩埚的规格及用途

滤片代号	孔径/μm	用 途	滤片代号	孔径/μm	用 途
1	80~120	过滤粗颗粒沉淀	4	5~15	过滤细颗粒沉淀
2	40~80	过滤较粗颗粒沉淀	5	2~5	过滤极细颗粒沉淀
3	15~40	过滤一般晶形沉淀	6	<2	滤除细菌

沉淀的溶解损失和避免形成胶体，因此，需选择合适的洗液。选择洗涤液的原则是，对于溶解度很小，又不易形成胶体的沉淀，可用蒸馏水洗涤；对于溶解度较大的晶形沉淀，可用沉淀剂的稀溶液洗涤，但沉淀剂必须在烘干或灼烧时易挥发或易分解除去，例如用 $(NH_4)_2C_2O_4$ 稀溶液洗涤 CaC_2O_4 沉淀；对于溶解度较小而又可能形成胶体的沉淀，应用易挥发或易分解的电解质稀溶液洗涤，例如用 NH_4NO_3 稀溶液洗涤 $Fe(OH)_3$ 沉淀；用热洗涤液洗涤，则过滤较快，且能防止形成胶体，但溶解度随温度升高而增大较快的沉淀不能用热洗涤液洗涤。

洗涤沉淀时，即要将沉淀洗净，又不能用太多的洗涤液，否则会增大沉淀的溶解损失。同体积的洗涤液，采用“少量多次”“尽量沥干”的洗涤原则，用适当少的洗涤液，分多次洗涤，每次加洗涤液前，使前次洗涤液尽量流尽，这样可以提高洗涤效果。

充分洗涤后，必须检查洗涤的完全程度。为此，取一小试管（或表面皿）承接滤液1~2mL，检查其中是否还有母液成分的存在，例如，用硝酸酸化的硝酸银溶液，就可检验滤液中是否还有氯离子的存在，如无白色氯化银浑浊生成，表示沉淀已洗净。

洗涤必须连续进行，一次完成，不能将沉淀放置太久，尤其是一些非晶形沉淀，放置凝聚后不易洗净。

二、沉淀的烘干和灼烧

烘干通常是指在250℃以下的热处理，烘干可以除去沉淀中的水分和挥发性物质，同时使沉淀组成达到恒定。

在205~1200℃的热处理叫灼烧。灼烧可除去沉淀中的水分、挥发性物质和滤纸等，还可以使初始生成的沉淀在高温下转化为组成恒定的称量形式。以滤纸过滤的沉淀，常置于瓷坩埚中进行烘干或灼烧。若需用氢氟酸处理沉淀，则应用铂坩埚。使用微孔玻璃砂芯坩埚过滤的沉淀，应在电烘箱里烘干。

烘干或灼烧的温度和时间，随沉淀的性质而定。例如，丁二酮肟镍在110~120℃烘40~60min即可冷却称量；磷钼酸喹啉需在130℃烘45min；硫酸钡则需要在800~850℃灼烧20min，冷却后称量。

沉淀烘干时所用的微孔玻璃坩埚或灼烧时用的瓷坩埚都需要烘干、灼烧至质量恒定，沉淀也应烘干或灼烧至质量恒定。不论沉淀是烘干或是灼烧，其最后称量必须达到恒重，即沉淀反复烘干或灼烧经冷却、称重，直至两次称量的质量相差不大于0.2mg，处理空坩埚与处理沉淀所需求的温度应一致。

灼烧沉淀前，应用滤纸包好沉淀，放入已灼烧至质量恒定的瓷坩埚中，先加热烘干、炭化后再进行灼烧。有的沉淀在炭化滤纸时，由于空气不足，沉淀可发生部分还原，这样的话可在灼烧前加几滴浓硝酸或硝酸铵饱和溶液润湿滤纸，使滤纸炭化时氧化迅速。

沉淀经烘干或灼烧至质量恒定后，由其质量即可计算测定结果。

第五节 应用实例

通过称量分析法相关知识的讲解，引入 $BaCl_2 \cdot 2H_2O$ 中结晶水含量的测定、氯化钡含量的测定、硫酸盐的测定、钾盐的测定等案例，培养理论联系实际的能力，提升利用所学知识分析问题、解决问题的能力。

一、$BaCl_2 \cdot 2H_2O$ 中结晶水含量的测定

$BaCl_2 \cdot 2H_2O$ 在 120℃以上可以完全失去结晶水。因此，一定质量的试样在干燥箱中于 125℃加热 1h 后，试样减少的量即为所含结晶水的质量。

若试样中含有湿存水，即吸收空气中的水分，则应先在 100～105℃加热除去湿存水，否则测得的结果将超过其实际结晶水的含量。

二、氯化钡含量的测定

Ba^{2+}能生成一系列的难溶化合物，其中 $BaSO_4$ 的溶解度最小，其组成与化学式相符合，摩尔质量较大，性质稳定，符合重量分析对沉淀的要求。因此通常以 $BaSO_4$ 为沉淀形式和称量形式测定 Ba^{2+}。测定方法是在 HCl 酸性溶液中加入 H_2SO_4 沉淀剂，使 Ba^{2+}转化为 $BaSO_4$ 沉淀，经陈化、过滤、洗涤后灼烧至质量恒定。

$BaSO_4$ 是典型的晶形沉淀，为了获得颗粒较大和纯净的晶形沉淀，应特别注意选择有利于形成粗大晶体的沉淀条件。

在 HCl 酸性溶液中进行沉淀是为了适当提高酸度，有利于粗晶形沉淀的形成，通常以 0.05mol/L 的酸度为宜，沉淀结束，加入过量沉淀剂的同离子效应可降低其溶解度。

在使用 H_2SO_4 沉淀 Ba^{2+}时，容易使阴离子发生共沉淀，如 NO_3^-、Cl^-、ClO_3^- 等，其中以 NO_3^- 和 ClO_3^- 共沉淀现象比 Cl^- 显著（$BaCl_2$ 的溶解度比前二者大）。这些离子的存在会影响分析结果，可在沉淀 Ba^{2+}前加 HCl 蒸发除去 NO_3^- 和 ClO_3^-；Cl^-可通过洗涤除去，先用极稀的 H_2SO_4 溶液洗至无 Cl^-，再用 1%NH_4NO_3 溶液洗去滤纸和沉淀上附着的酸，使滤纸在烘干时不会炭化，而在滤纸灰化时又能促进其氧化。

能与 $BaSO_4$ 发生共沉淀的阳离子有 H^+、碱金属离子、Ca^{2+}、Fe^{3+}等，这些离子和 SO_4^{2-} 或 HSO_4^- 结合与 $BaSO_4$ 共沉淀，其中以 Fe^{3+} 的共沉淀现象最为显著（Fe^{3+} 的价数比 Ca^{2+} 高）。

灼烧沉淀的温度控制在 800～850℃为好，若高于 1000℃，$BaSO_4$ 将分解为 BaO；滤纸和沉淀在空气不足的情况下灼烧时，可能有部分 $BaSO_4$ 被还原为 BaS 而成绿色。

$$BaSO_4 + 4C \longrightarrow BaS + 4CO$$

继续灼烧时，BaS 可被氧化成 $BaSO_4$。若在沉淀冷却后，加几滴浓硫酸，蒸发至 SO_3 白烟冒尽，则 BaS 和 BaO 均可转变为 $BaSO_4$，再继续进行灼烧。

$$BaS + H_2SO_4 \longrightarrow BaSO_4 + H_2S$$
$$BaO + H_2SO_4 \longrightarrow BaSO_4 + H_2O$$

三、硫酸盐的测定

方法原理与 $BaCl_2$ 相同，利用 $BaSO_4$ 沉淀法测定可溶性硫酸盐，在热的酸性稀溶液中，不断搅拌下滴入 $BaCl_2$ 溶液，并将所得的 $BaSO_4$ 沉淀经陈化、过滤、洗涤、灼烧、称量，即可求得试样中硫酸盐的含量。

采用 $BaSO_4$ 称量法也可以测定天然或工业产品中硫的含量，这时需要预先将试样中的硫转化为可溶性的硫酸盐。例如，测定煤中硫的含量时先将试样与 Na_2CO_3、MgO 混合物（称艾士卡试剂）一起灼烧，使煤中硫化物及有机硫分解、氧化，并转化为 Na_2SO_4，然后以水浸溶、过滤，再按前述步骤加以测定。

四、钾盐的测定

K^+能与易溶于水的有机试剂四苯硼酸钠 $NaB(C_6H_5)_4$ 反应生成四苯硼酸钾沉淀。

$$K^+ + B(C_6H_5)_4^- \longrightarrow KB(C_6H_5)_4 \downarrow$$

四苯硼酸钾是离子缔合物，具有溶解度小、组成恒定、热稳定性好（最低分解温度265℃）等优点，故四苯硼酸钾是 K^+ 的一种良好沉淀剂。生成的沉淀经过滤、洗涤，于120℃烘干即可称量。

由于四苯硼酸钾易形成饱和溶液，加入四苯硼酸钠沉淀剂的速率宜慢，同时要剧烈搅拌。考虑到沉淀有一定的溶解度，沉淀洗涤时，先用四苯硼酸钠饱和溶液洗涤数次，再用少量的水洗涤两次。

四苯硼酸钠能与 NH_4^+、Rb^+、Cs^+、Tl^+、Ag^+ 等生成沉淀，一般钾盐试样不含 Rb^+、Cs^+、Tl^+、Ag^+ 或含量极少，不影响测定。

试液中若含有铵离子，也能与四苯硼酸钠发生沉淀反应。这种情况需加入甲醛，使铵离子生成六亚甲基四胺而排除干扰。该法适用于钾盐肥料的测定。

为了获得颗粒较大和纯净的 $BaSO_4$ 晶形沉淀，试样溶于水后加盐酸酸化，使部分 SO_4^{2-} 成为 HSO_4^-，以降低溶液的相对过饱和度，同时可防止其他弱酸盐，如 $BaCO_3$ 沉淀生成。加热近沸，在不断搅动下缓慢滴加适当过量的沉淀剂稀 H_2SO_4，形成的 $BaSO_4$ 沉淀经沉化、过滤、洗涤、灼烧后，以 $BaSO_4$ 形式称量，即可求得试样中钡的含量。

单元小结

一、称量分析的特点、优点及缺点

特点：先分离，后称量。

优点：无需基准物质和容量仪器，引入误差小、准确度高，相对误差在0.1%~0.2%。适用于常量组分（含量>1%）的分析，常用作仲裁分析。

缺点：操作繁琐、费时，不适用快速分析，不适用于微量、痕量组分的测定。

二、称量分析的分类

沉淀法、气化法（挥发法）、电解法、萃取法（提取法）。

三、称量分析的分析过程

试样 $m_{样}$ $\xrightarrow{溶样}$ $\xrightarrow{沉淀剂}$ 沉淀式 $\xrightarrow{过滤、洗涤（少量多次）}$ $\xrightarrow{烘干或灼烧}$ $\xrightarrow{恒重}$ 称量式 $m_{称}$ $\xrightarrow{计算含量}$ 报告分析结果

四、称量分析对沉淀形式、称量形式的要求

（1）对沉淀形式的要求：
1）沉淀溶解度要小（$s<10^{-4}\sim10^{-5}$mol/L 或<0.2mg）。
2）沉淀要纯净、易过滤和洗涤。
3）沉淀形式易转化为称量形式。
（2）对称量形式的要求：
1）称量形式组成与化学式相符。
2）称量形式稳定性要好。
3）称量形式的摩尔质量要大。

五、影响沉淀完全的因素

使溶解度减少的有利因素——同离子效应（易挥发的物质过量 50%~100%，不易挥发的物质过量 20%~30%）。

使溶解度增加的不利因素——异离子效应、酸效应、配位效应。

六、影响沉淀纯净的因素及处理办法

（1）共沉淀：
1）表面吸附——洗涤除去。
2）吸留和包藏——改变沉淀的条件或再沉淀。
3）混晶——再沉淀或进行沉淀前分离除去。
（2）后沉淀——沉淀反应进行完全后立即过滤、洗涤。

七、沉淀纯净的方法

（1）采用适当的分析程序；
（2）降低易被吸附杂质离子的浓度；
（3）再沉淀；
（4）选择适当的洗涤液洗涤沉淀；
（5）选择适宜的沉淀条件；
（6）选择有机沉淀剂。

八、沉淀类型、特点及形成条件

类型	晶形沉淀	无定形沉淀
特点	颗粒大、有规则排列、有固定形状（晶面）、结构紧密、体积小、吸附杂质少、易降沉、过滤、洗涤	颗粒小、无规则排列、无固定形状（晶面）、结构疏松、体积庞大、吸附杂质多、不易降沉、难过滤、洗涤
形成条件	稀、热、搅拌、缓慢加入沉淀剂、陈化	浓、热、电解质、趁热过滤洗涤、再沉淀

九、应用

气化法测 $BaCl_2 \cdot 2H_2O$ 中结晶水的含量；沉淀法测 $BaCl_2$、硫酸盐、钾盐的测定。

单元习题

一、选择题

1. 最常用的称量分析法是（　　）。

A. 沉淀法　　B. 气化法　　C. 电解法　　D. 萃取法

2. 下列选项属于称量分析法的特点的是（　　）。

A. 需要纯净的基准物作参比

B. 要配制标准溶液

C. 经过适当的方法处理，直接通过称量即可得到分析结果

D. 适用于微量组分的测定

3. 下列不符合称量分析法对沉淀形式要求的是（　　）。

A. 通常沉淀的溶解度较大　　B. 沉淀纯净

C. 沉淀易于过滤和洗涤　　D. 易得到纯的晶形沉淀

4. 下列哪些要求不是称量分析法对称量形式的要求（　　）。

A. 要稳定　　B. 颗粒要粗大

C. 相对分子质量要大　　D. 组成要与化学式完全符合

5. 在称量分析中能使沉淀溶解度减小的因素是（　　）。

A. 酸效应　　B. 盐效应　　C. 同离子效应　　D. 生成配合物

6. 有关影响沉淀完全的因素叙述错误的是（　　）。

A. 利用同离子效应，可使被测组分沉淀更完全

B. 异离子效应的存在，可使被测组分沉淀更完全

C. 配位效应的存在，将使被测离子沉淀不完全

D. 温度升高，会增加沉淀的溶解损失

7. 下列不属于使沉淀纯净的是（　　）。

A. 选择适当的分析程序　　B. 改变杂质的存在形式

C. 后沉淀现象　　D. 创造适当的沉淀条件

8. 下列影响沉淀纯净的叙述不正确的是（　　）。

A. 溶液中杂质含量越大，表面吸附杂志的量越大　B. 温度越高，沉淀吸附的量越大

C. 后沉淀随陈化时间增长而增加　　D. 温度升高，后沉淀现象增大

9. 属于沉淀纯净的选项是（　　）。

A. 表面吸附现象　　B. 吸留现象　　C. 后沉淀现象　　D. 再沉淀

10. 沉淀中若杂质含量太大，则应采取（　　）措施，使沉淀纯净。

A. 再沉淀　　B. 升高沉淀体系温度

C. 增加陈化时间　　D. 减小沉淀的比表面积

11. 有利于减少吸附和吸留的杂质，使晶形沉淀更纯净的选项是（　　）。

A. 沉淀时温度应稍高　　B. 沉淀时在较浓的溶液中进行

C. 沉淀时加入适量电解质　　D. 沉淀完全后进行一定时间的陈化

12. 下列各条件中，不是晶形沉淀所要求的沉淀条件（　　）。

A. 沉淀作用宜在较浓溶液中进行　　B. 应在不断搅拌下加入沉淀剂

C. 沉淀作用宜在热溶液中进行　　D. 应进行沉淀的陈化

13. 晶形沉淀的沉淀条件是（　　）。

A. 浓、冷、慢、搅、陈　　B. 稀、热、快、搅、陈

C. 稀、热、慢、搅、陈　　D. 稀、冷、慢、搅、陈

14. 下列叙述中，哪一种情况适于沉淀 $BaSO_4$。（　　）

A. 在较浓的溶液中进行沉淀　　B. 在热溶液中及电解质存在的条件下沉淀

C. 进行陈化　　D. 趁热过滤、洗涤，不必陈化

15. 下列各条件中何者是晶形沉淀所要求的沉淀条件。（　　）

A. 沉淀作用在较浓溶液中进行　　B. 在不断搅拌下加入沉淀剂

C. 沉淀在冷溶液中进行　　D. 沉淀后立即过滤

16. 只需烘干不需沉淀可选用的滤器是（　　）。

A. 普通玻璃漏斗　　B. 砂芯坩埚　　C. 分液漏斗　　D. 滤纸

17. 在测定 Ba^{2+} 时，如 $BaSO_4$ 中有少量 $BaCl_2$ 共沉淀，测定结果会（　　）。

A. 偏高　　B. 偏低　　C. 无影响　　D. 无法确定

18. $BaSO_4$ 沉淀洗涤完毕，最后用 10g/L 的 NH_4NO_3 溶液洗涤的目的不包括下列选项中的哪一项（　　）。

A. 使沉淀更纯净　　B. 除去残留的 H_2SO_4

C. 防止滤纸烘干时炭化　　D. 促进滤纸灰化时氧化

19. 称量分析中使用的“无灰滤纸”是指每张滤纸的灰分（　　）。

A. =0.2mg　　B. <0.2mg　　C. >0.2mg　　D. 几乎没有重量

20. 盐效应使沉淀的溶解度（　　），同离子效应使沉淀的溶解度（　　）；一般来说，后一种效应较前一种效应（　　）。

A. 增大，减小，小得多　　B. 增大，减小，大得多

C. 减小，减小，差不多　　D. 增大，减小，差不多

21. 只需烘干就可称量的沉淀，选用（　　）过滤。

A. 定性滤纸　　B. 定量滤纸

C. 无灰滤纸上　　D. 玻璃砂芯坩埚或漏斗

22. 重量分析法测定 Ba^{2+} 时，以 H_2SO_4 作为 Ba^{2+} 的沉淀剂，H_2SO_4 应过量（　　）。

A. 1%~10%　　B. 20%~30%　　C. 50%~100%　　D. 100%~150%

23. 采用（　　）法测定硫酸盐的含量。

A. 沉淀法　　B. 气化法　　C. 溶解法　　D. 滴定法

24. 在称量分析中，通常要求沉淀的溶解损失量不超过（　　）。

A. 0.0001g B. 0.0002g C. 0.0004g D. 0.005g

25. 称量分析中，达到恒重是指两次称重前后质量差不超过（ ）。

A. 0.0002g B. 0.0020g C. 0.0200g D. 0.2000g

二、判断题

1. 称量分析一般不适用于微量组分的测定。( )
2. 称量形式的摩尔质量较大时，称量分析的准确度较高。( )
3. 称量分析法中的称量形式必须具有确定的化学组成。( )
4. 称量分析法测定中，要求沉淀形式和称量形式相同。( )
5. 要得到符合称量分析要求的沉淀，必须选择合适的沉淀剂。( )
6. 共沉淀引入的杂质量，随陈化时间的增大而增多。( )
7. 称量分析中当沉淀从溶液中析出时，其他某些组分被被测组分的沉淀带下来而混入沉淀之中这种现象称后沉淀现象。( )
8. 陈化时间太长会产生后沉淀现象或形成混晶。( )
9. 后沉淀随陈化时间增长而减少。( )
10. 称量分析中对形成胶体的溶液进行沉淀时，可放置一段时间，以促使胶体微粒的胶凝，然后再过滤。( )
11. 根据同离子效应，在进行沉淀时，加入沉淀剂过量得越多，则沉淀越完全，所以沉淀剂过量越多越好。( )
12. 沉淀硫酸钡时，在盐酸存在下的热溶液中进行，目的是增大沉淀的溶解度。( )
13. 为了获得纯净的沉淀，洗涤沉淀时洗涤的次数越多，每次用的洗涤液越多，则杂质含量越少，结果的准确度越高。( )
14. 在沉淀重量法中，同离子效应和盐效应都使沉淀的溶解度增大。( )
15. 溶解度较大的晶形沉淀，在稀溶液中既有利于形成较大颗粒的晶体，又可以减少在母液中的损失。( )

三、简述题

1. 什么叫称量分析，分为哪几类?
2. 称量分析对沉淀形式和称量形式有什么要求?
3. 晶形沉淀的沉淀条件是什么?
4. 无定形沉淀的沉淀条件是什么?
5. 什么叫同离子效应? 在应用同离子效应时应注意什么问题?
6. 沉淀烘干和灼烧的作用是什么?
7. 什么叫共沉淀和后沉淀?
8. 在用 H_2SO_4 沉淀 Ba^{2+} 时，怎样使阴离子不发生共沉淀?

四、计算题

1. 称取含磷矿石 0.4530g，溶解后从 $MgNH_4PO_4$ 形成沉淀，灼烧后得到 $Mg_2P_2O_7$ 0.2825g，计算试样中 P 以及 P_2O_5 的百分含量。

2. 称取某可溶性盐 0.3232g，用硫酸钡重量法测定其中的含硫量，得 $BaSO_4$ 沉淀 0.2982g，计算试样中含 SO_3 的百分数。

3. 测定硅酸盐中 SiO_2 含量，称取 0.4817g 试样，获得 0.2630g 不纯的 SiO_2（主要有 Fe_2O_3、Al_2O_3）。

将不纯的 SiO_2 用 $HF-H_2SO_4$ 处理，使 SiO_2 转化为 SiF_4 除去，残渣经灼烧后重为 0.0013g，计算试样中纯 SiO_2 含量。若不经 $HF-H_2SO_4$ 处理，杂质造成的误差有多大？

4. 称取风干（空气干燥）的石膏试样 1.2030g，经烘干后得吸附水分 0.0208g，再经灼烧又得结晶水 0.2424g，计算分析试样换算成干燥物质时的 $CaSO_4 \cdot 2H_2O$ 的百分含量。

第九单元　吸光光度法

【单元导读】

吸光光度法是利用被测物质在特定波长处或一定波长范围内对光的选择性吸收特性而建立的一种对物质进行定性和定量分析的吸收光谱法，属于光谱分析法。

【知识目标】

掌握：（1）吸光光度法常用的定量分析方法；

（2）光的吸收定律和分光光度计的构造及使用方法。

理解：（1）吸光光度法的特点；

（2）吸收光谱曲线及其意义。

【能力目标】

（1）学会有关定量分析的计算；

（2）能够熟练操作分光光度计。

第一节　吸光光度法的基础知识

根据测定的光的波长吸光光度法可分为紫外分光光度法、可见分光光度法、红外分光光度法。其特点是灵敏度高，适用于微量或痕量组分的分析，操作简单、准确度较高、重现性好、应用范围广。

一、光的性质与波长范围

（一）光的性质

光是一种电磁波，具有波粒二象性，即波动性和粒子性。

1. 波动性

光在传播时表现了光的波动性。一定的光波采用一定的波长 λ、频率 ν、光速 c 等参数来描述：

$$c = \lambda\nu$$

（1）波长。相邻两波峰或波谷之间的距离，波长的单位可用纳米（nm）、微米（μm）表示：

$$1\text{nm} = 10^{-3}\mu\text{m} = 10^{-6}\text{mm} = 10^{-7}\text{cm} = 10^{-9}\text{m}$$

（2）频率（ν）。是每秒内光波的振动次数，单位是赫兹（Hz）。

2. 粒子性

光是由一颗一颗不连续的光子构成的粒子流，这种粒子叫光子，是量子化的。光子的能量（E）取决于频率，其关系为：

$$E = h\nu = hc/\lambda$$

式中，h 为普朗克常数，$h=6.626\times10^{-34}\text{J}\cdot\text{s}$。

可见，光的波长越短（频率越高），其能量越大。

（二）波长的范围（图 9-1）

可见光区：400~760nm，人的视觉所能感觉到的光。

人的眼睛感觉不到的还有紫外光、红外光和 X 射线等。

紫外光区：近紫外区：200~400nm

　　　　　远紫外区：100~200nm

红外光区：0.76~500μm

　　　　　近红外区：0.76~2.5μm

　　　　　中红外区：2.5~50μm

　　　　　远红外区：50~500μm

在可见光区，不同波长的光呈不同的颜色，但各种有色光之间并没有严格的界线，而是由一种颜色逐渐过渡到另一种颜色。

二、光的分类

光分为单色光和复合光。

（1）单色光。具有单一波长的光，即仅含某一种波长的光。

（2）复合光。不同波长的光组合而成。如白光（日光、白炽电灯光），它是由各种不同颜色的光按一定强度比例混合而成。如果让一束白光通过棱镜，便可折射出红、橙、黄、绿、青、蓝、紫七种颜色的光，这种现象称为光的色散。

两种适当颜色的单色光按一定强度比例混合可成为白光，这两种单色光称为互补色光。图 9-2 中直线相连的两种色光彼此混合可成白光，它们为互补色光，如黄光和蓝光互补、绿光和紫光互补。物质对光的吸收具有选择性，若溶液选择性地吸收了某种颜色的光，则溶液呈吸收光的互补光。

（3）互补光。透射光与吸收光组成白光，故称为互补色光。

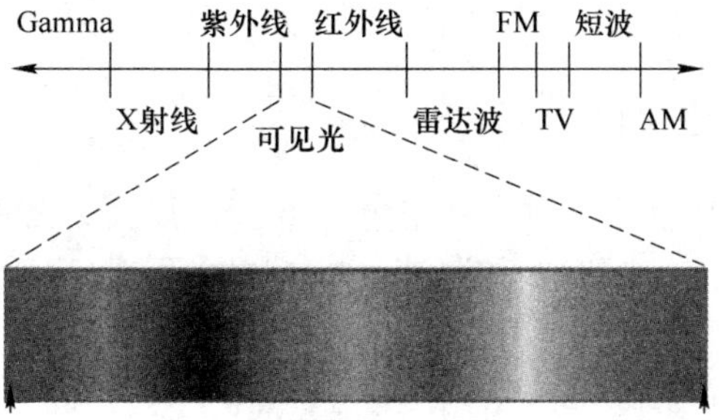

图 9-1　几种光的波长范围

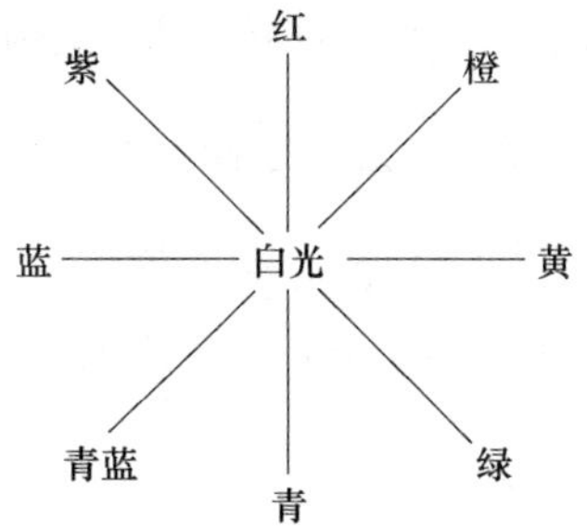

图 9-2　光的互补色示意图

如图 9-2 所示，当某溶液显示蓝色时，说明该溶液吸收了黄色光，即蓝色和黄色就是互补色光。

【知识链接】

吸光光度法发展史

1802 年，伍朗斯顿在研究太阳连续光谱时，发现了太阳连续光谱中出现的暗线。1859 年，克希荷夫解释了暗线产生的原因。1955 年，澳大利亚科学家瓦尔西解决了原子吸收光谱的光源问题，展示了原子吸收光谱仪。1959 年，苏联里沃夫发表了电热原子化技术大大提高了原子吸收的灵敏度。1965 年英国化学家威利斯将氧化亚氮-乙炔火焰用于原子吸收，使可测定元素数目从 30 个增至 60~70 个。

国内发展起步晚，但发展较快。1963 年黄本立提出原子吸收光谱法，1964 年，蔡祖泉教授造成第一个空心阴极灯，1965 年，冶金部有色金属研究院组装成功第一台测量装置，1971 年，国内开始生产原子吸收光谱仪，随后被广泛使用。

第二节　光的吸收定律

一、透光率（T）和吸收度（A）

当一束单色光照射到均匀而无散射的溶液时，一部分光被溶液吸收，另一部分光透过溶液。假设 I_0 为入射光强度，I_a 为吸收光强度，I_t 为透射光强度，则

$$\text{入射光 } I_0 \longrightarrow \text{吸收 } I_a \longrightarrow \text{透射 } I_t$$

$$I_0 = I_a + I_t$$

当入射光 I_0 的强度一定时，溶液吸收光的强度 I_a 越大，则溶液透过光的强度 I_t 越小，表明溶液对光的吸收程度越大。

透光率（描述入射光透过溶液的程度）为透过光的强度 I_t 与入射光的强度 I_0 之比。用符号 T 表示：

$$T = I_t/I_0 \quad \text{或} \quad T\% = I_t/I_0 \times 100\%$$

透光率越大，溶液对光的吸收越少；反之，透光率越小，溶液对光的吸收越多。透光率的负对数称为吸光度，用符号 A 表示：

吸光度　　$A = -\lg T = \lg I_0/I_t$

A 越大，溶液对光的吸收越多。

二、朗伯-比尔定律（Lambert-Beer 定律）

一束平行单色光通过均匀、无散射的有色溶液时，在单色光波长、强度、溶液的温度等条件不变的情况下，溶液的吸光度 A 与液层厚度 b 和溶液浓度 c 的乘积成正比。数学表达式为：

$$A = Kbc$$

式中　K——比例常数，与溶液性质、T（温度）、λ 有关。

K 值随 c 的单位不同而不同，液层厚度以 cm 为单位：

c 单位为 g/L：　　　　　　　　$A = abc$

c 单位为 mol/L：　　　　　　　$A = \varepsilon bc$

式中　a——吸光系数，L/(g·cm)；

　　ε——摩尔吸光系数，L/(mol·cm)。

摩尔吸光系数 ε 的意义如下：

（1）ε 表示吸光物质浓度为 1mol/L，液层厚度为 1cm 时溶液的吸光度。

（2）ε 值越大，溶液的吸光能力越强，显色反应的灵敏度越高。

（3）ε 是吸光物质在特定波长下的特征常数。

（4）ε 值是选择显色反应的重要依据。

朗伯-比尔定律又称为光的吸收定律，是吸光光度法定量分析的依据。它不仅适用于有色溶液，也适用于无色溶液及气体和固体的非散射均匀体系；不仅适用于可见光区的单色光，也适用于紫外和红外光区的单色光。但它只适用于稀溶液和单色光，在浓溶液和复合光时误差较大。

三、吸收光谱

吸收光谱又称为吸收曲线或吸收光谱曲线，它是在浓度一定的条件下，以波长（λ）为横坐标，以吸光度为（A）为纵坐标绘制的曲线。例如。用不同波长（400~720nm）的单色光依次通过一定浓度的高锰酸钾溶液，测出该溶液对各种单色光的吸光度（A）；然后以波长 λ 为横坐标，吸光度 A 为纵坐标绘制曲线，曲线上吸光度最大的地方称为最大吸收峰，它所对应的波长称为最大吸收波长，用 λ_{max} 表示。图 9-3 所示为不同浓度高锰酸钾溶液的吸收曲线，直观地表示出物质对光的吸收特征。它反映某溶液对不同波长单色光的吸收程度。当溶液的浓度、温度、液层厚度一定时，在最大吸收波长处测定吸光度灵敏度最高。

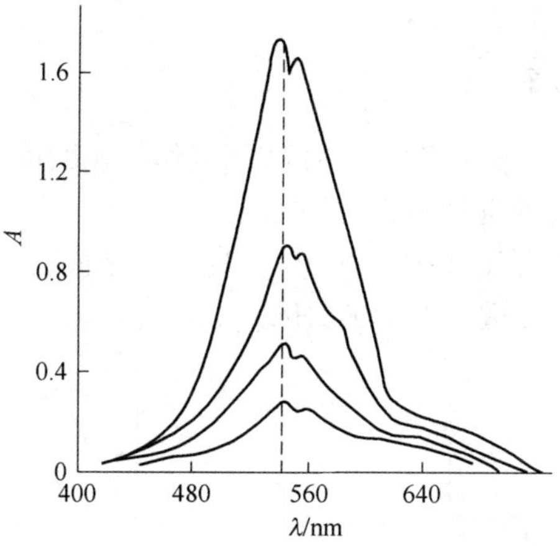

图 9-3　不同浓度高锰酸钾溶液的吸收曲线

物质的吸收曲线是一种特征曲线。同一种溶液不同浓度溶液的吸收曲线形状相似，最大吸收波长不变。在最大吸收波长附近，吸光度测量的灵敏度最高。这一特征可作为定量分析选择入射光波长的依据。

溶液对不同波长的光吸收具有选择性，不同物质吸收光谱的形状以及 λ_{max} 不同。例如，$KMnO_4$ 溶液最大吸收波长 $\lambda_{max}=525nm$。这是定性分析的基础。同一物质，浓度不同时，吸收光谱的形状相同，A_{max}不同。这是定量分析的基础。

第三节　显色反应及影响因素

在进行比色分析或分光光度分析时，经常利用某种反应将水样中被测组分转变为有色化合物，然后进行测定，这种把被测组分转变成有色化合物的反应称为显色反应，与被测组分形成有色化合物的试剂称为显色剂。

一、显色

有些物质有颜色，能吸收一定波长的可见光，可直接用分光光度计测量其吸光度；而多数物质本身没有颜色，需要加入显色剂利用显色反应生成吸光物质，才能进行光度测定。因此吸光光度定量分析一般需经显色和测定吸光度等一系列步骤。

显色反应主要有氧化还原反应和络合反应力两大类，其中络合反应是最重要反映。显色反应应满足下列要求：

（1）选择性好，干扰少或干扰易消除。

（2）灵敏度足够高。因为比色法和分光光度法多用于微量组分的测定，故一般选择生成显色化合物的摩尔吸收系数高（ε 为 104～105）的显色反应。但是有时灵敏度高的反应不一定选择性好，故应全面考虑。对于常量组分的测定，不一定选择最灵敏的显色反应。

（3）生成的显色化合物的化学性质应足够稳定，且有恒定的组成。

（4）显色化合物（MR）与显色剂（R）之间的颜色差别要大；显色时，颜色变化明显，空白值小。

二、显色反应的影响因素

（1）溶液酸度（pH 值及缓冲溶液）。在实际工作中，酸度的选择，一般是作 A-pH 曲线，如图 9-4 所示，在平台处选择适宜 pH 范围。

（2）显色剂的用量。实际工作中，作 $A-c_R$ 曲线，寻找适宜 c_R 范围。如图 9-5 所示，选择显色剂用量时，可以稍过量，处于平台区。

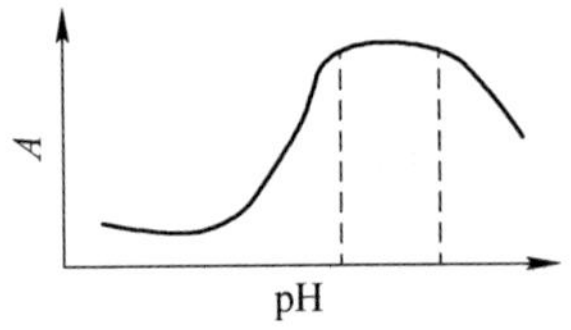

图 9-4　A-pH 曲线

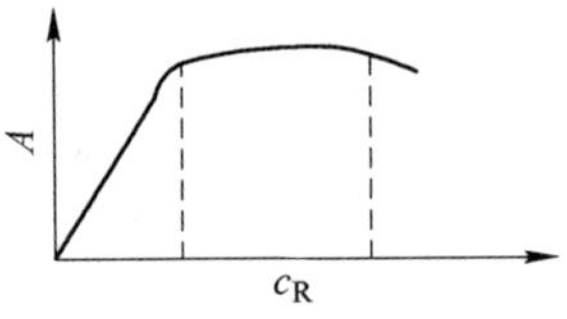

图 9-5　$A-c_R$ 曲线

（3）显色反应温度。实际工作中，作 $A-T$ 曲线，寻找适宜反应温度。要注意的是，加热可加快反应速度，导致显色剂或产物分解。

（4）显色反应时间。一般针对不同显色反应确定显示时间。在实际工作中，作 $A-t$ 曲线，寻找适宜反应时间。

（5）溶剂。一般选择有机溶剂，提高灵敏度、显色反应速率。

（6）干扰离子。干扰消除办法（显色反应干扰的消除）：

1）控制酸度法；2）掩蔽剂掩蔽法；3）氧化还原掩蔽法（改变价态）；4）利用参比溶液消除显色剂和某些共存有色离子的干扰；5）选择适当的测定波长；6）增加显色剂用量；7）分离。

第四节　吸光光度分析法及仪器

吸光光度法是通过测定溶液对单色光的吸收程度来进行定性和定量分析的方法。吸光光度法是以棱镜或光栅作为分光器，并用狭缝分出波长很窄的一条光，这条光的波长范围一般在 5nm 左右，因而具有较高的灵敏度、准确度和选择性。

一、分光光度计

吸光光度法所用的仪器是分光光度计，根据波长的不同，又可分为紫外分光光度计、可见分光光度计、红外分光光度计。由于紫外分光光度计和可见分光光度计的构造原理相同，故常合并在一个仪器上，称为紫外可见分光光度计。本节主要介绍紫外可见分光光度计。图 9-6 和图 9-7 所示分别为 722 型分光光度计和 UV-1800 型分光光度计。

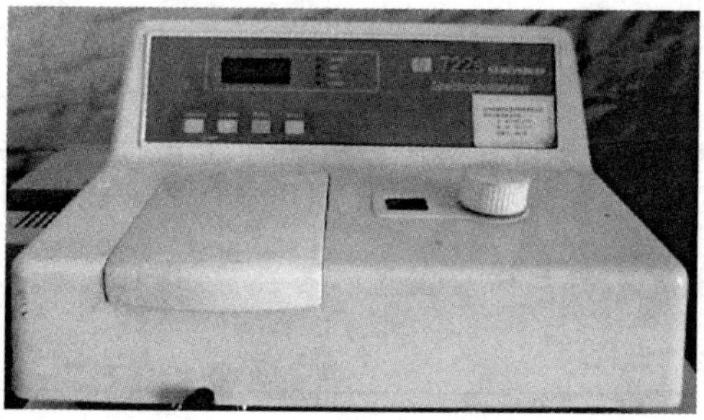

图 9-6　722 型分光光度计

图 9-7　UV-1800 型分光光度计

（一）基本结构

各种型号的分光光度计，就其基本结构来说，都是由光源、单色器、吸收池、检测器及信号显示系统五个主要部件组成的。

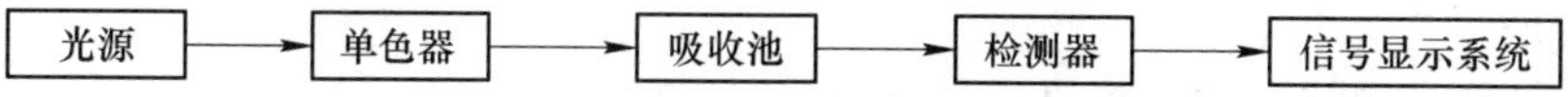

其中，光源是提供入射光的部件，不同的光源可以提供不同波长范围的光。单色器是将光源发射的复合光色散分离出单色光的光学装置。吸收池是用于盛放分析液的器皿，又叫比色皿或比色杯。吸收池一般有玻璃和石英两种材质。检测器是一种光电转换元件，是检测单色光通过溶液被吸收后透过光的强度，并把这种光信号转变为电信号的装置。信号

显示系统的作用是放大信号并以适当的方式显示或记录信息。

（二）分光光度计的使用

不同型号的分光光度计其使用方法可能不相同，但是原理都是一样的，现以722型分光光度计为例介绍其使用方法：

（1）开电源开关，打开箱盖，预热10min；

（2）将空白管、对照管、测定管分别装入比色皿（3/4vol），并用吸水纸擦干光面外壁；

（3）选定波长（选择被分析物质的最大吸收波长）；

（4）打开箱盖（光路开关自动关闭），用空白管调 $T=0$；

（5）盖上箱盖（光路开关自动打开），再用空白管调 $T=100\%$（若调不到，则可调节灵敏度开关）；

（6）将选择开关旋至 A，此时显示数值应为0，否则调节“消光零”旋钮调至0；

（7）逐步拉出试样架拉手，读取各管吸光度值 A；

（8）全部测定结束后，取出比色皿（洗净），关闭开关。

（三）吸光光度分析步骤

（1）选择显色反应。有些物质有颜色，能吸收一定波长的可见光，可直接用分光光度计测量其吸光度；而多数物质本身没有颜色，需要加入显色剂利用显色反应生成吸光物质，才能进行光度测定。所以首先要选择合适的显色反应。

（2）选择显色剂。选择合适的显色剂。

（3）优化显色反应条件。使显色更明显，有利于光度分析。

（4）选择检测波长。一般根据显色溶液的光吸收曲线，选择最大吸收波长 λ_{max} 作为测定波长。

（5）选择合适的浓度。其浓度范围应在溶液的吸光度与其浓度呈线性关系的区间，且溶液吸光度最好控制在0.2~0.8范围内。

（6）选择参比溶液（表9-1）。又称为空白溶液，用于调节吸光度零点。

表9-1 参比溶液的选择

试样中的其他组分	显色剂	参比溶液
无色	无色	蒸馏水
无色	有色	显色剂
有色	无色	不加显色剂的试液
有色	有色	将待测组分掩蔽后的试液加显色剂

（7）建立标准曲线。通过标准曲线测出待测物的含量。

二、分光光度法的定量方法

（一）标准曲线法（图9-8）

将一系列浓度不同的标准溶液按照一定操作过程显色后，分别测吸光度（A），以 A

为纵坐标，浓度为横坐标制标准曲线（至少要 5 点）。在相同条件下处理待测物质并测定其吸光度，即可从标准曲线找出相对应的浓度。

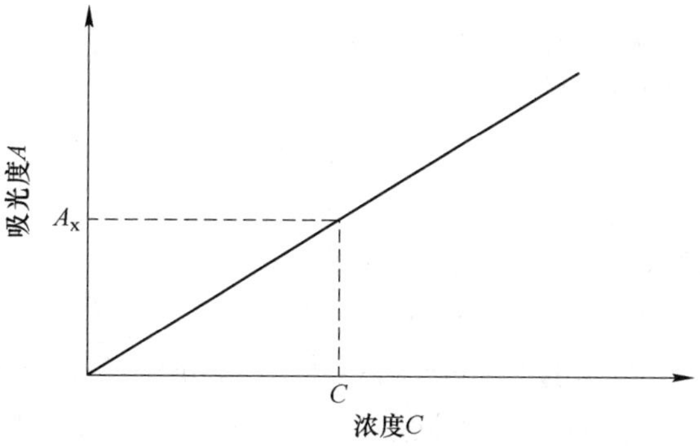

图 9-8　标准曲线图

（二）对比法

将标准品与待测样品在相同条件下显色并测定各自的吸光度：

$$A_s = abC_s,\ A_x = abC_x$$

由于测定体系温度、厚度及入射光波长一致，故标准与待测样品 ab 值相等，可用下式比较计算待测样品浓度：

$$C_x = C_sA_x/A_s$$

第五节　吸光光度分析方法的误差来源及测量条件的选择

一、吸光光度分析方法的误差

（1）非单色光引起的偏移。比尔定律的重要假设条件之一是入射光为单色光，但是，即使是现代高精度分光光度计，也不可能获得纯单色光。

（2）物理化学因素：

1）非均匀介质及化学反应。

2）胶体，悬浮、乳浊等对光产生散射，使实测吸光度增加，导致线性关系上弯；离解、缔合、异构等化学反应引起的误差。

（3）吸光度测量的误差。吸光度标尺刻度不均匀。

（4）显色反应的干扰。

二、测量条件的选择

光度分析中，为使测得的吸光度有较高的灵敏度和准确度，还必须选择合适的测量条件。

（1）入射光波长的选择。一般以 λ_{max} 作为入射光波长。如有干扰，则根据干扰最小而吸光度尽可能大的原则选择入射光波长。

（2）参比溶液的选择。参比溶液主要是用来消除由吸收皿壁及试剂或溶剂等对入射光的反射和吸收带来的误差。应视具体情况，分别选用纯溶剂空白、试剂空白、试液空白作参比溶液。

（3）吸光度读数范围的选择。吸光光度分析所用的仪器为分光光度计，测量误差不仅与仪器质量有关，还与被测溶液的吸光度大小有关。由下式可计算在不同吸光度或透光度读数范围引起的浓度的相对误差。

$$\frac{\Delta c}{c}=\frac{0.434\Delta T}{T\lg T}$$

若分光光度计的读数误差 ΔT 为 5%，当 $T=65\%\sim20\%$（或 $A=0.19\sim0.70$），则测量误差为 17.8%~15.5%。通常应控制溶液吸光度 A 在 0.2~0.7 之间，此范围是最适读数范围。通过调节溶液的浓度或比色皿的厚度可以将吸光度调节到最适范围内。

当 $T=36.8\%$ 或 $A=0.434$ 时，由于读数误差引起的浓度测量相对误差最小。

【知识链接】

1950 年 3 月初，黄本立在东北科学研究所参加工作后的第一个任务是配合东北地区重工业的恢复和发展，开展光谱分析研究，当时没有专业设备，没有研究场所，他在地下室翻出一台废弃的小型摄谱仪，修理调试之后，使用过期很久的感光板，配合研究所建立了电解锌、电炭刷石墨等的光谱分析法。1952 年起，黄本立先后研究建立了球墨铸铁、黄铜等的定量分析方法，并把光谱分析推广到工厂去。他为抚顺钢厂试制了一台电花激发光源，这可能是中国第一台自制光谱分析用的电花光源。

1957 年，黄本立创立了一种可测定粉末样品中包括卤素在内的微量易挥发元素的双电弧光谱分析光源。1975 年，黄本立从事新型光源感耦等离子体光谱分析研究，所研制的新型雾化-氢化物发生装置，使用样品量和一般的雾化器一样，但可同时测定氢化物元素和非氢化物元素，并使氢化物元素的测定灵敏度提高了 20 倍。

单元小结

一、吸光光度法的基础知识

（1）光的性质与波长范围。
（2）光的分类。光分为单色光和复合光。

二、光的吸收定律

（1）透光率（T）和吸收度（A）：
吸光度 $A=-\lg T=\lg I_0/I_t$
（2）朗伯-比尔定律（Lambert-Beer 定律）：

$$A=\varepsilon bc$$

（3）吸收光谱。

三、显色反应及影响因素

（1）显色。

（2）显色反应的影响因素。
（3）吸光光度分析法及仪器。
1）分光光度计。
2）分光光度法的定量方法。标准曲线法、对比法。

四、吸光光度分析方法的误差来源及测量条件的选择

（1）吸光光度分析方法的误差。
（2）测量条件的选择。

单元习题

一、选择题

1. 测定某有色溶液的吸光度，用1cm比色皿时吸光度为A，若用2cm比色皿，吸光度为（　　）。

A. $2A$　　B. $A/2$　　C. A　　D. $4A$

2. 下列关于光的吸收曲线的描述中，不正确的是（　　）。

A. 吸收光谱曲线表明了吸光度随波长的变化情况
B. 吸收光谱曲线以波长为纵坐标，以吸光度为横坐标
C. 吸收光谱曲线中，最大吸收处的波长为最大吸收波长
D. 吸收光谱曲线表明了吸光物质的光吸收特性

二、计算题

已知一溶液在λ_{max}处的吸光系数ε为1.40×10L/(mol·cm)，现用1.0cm比色皿测得该物质的吸光度为0.85，计算该溶液的浓度。

附　　录

附表1　弱酸弱碱在水中的离解常数（25℃、$I=0$）

弱酸	分子式	K_a	pK_a
砷酸	H_3AsO_4	$6.3\times10^{-3}(K_{a1})$	2.20
		$1.0\times10^{-7}(K_{a2})$	7.00
		$3.2\times10^{-12}(K_{a3})$	11.50
亚砷酸	$HAsO_2$	6.0×10^{-10}	9.22
硼酸	H_3BO_3	5.8×10^{-10}	9.24
焦硼酸	$H_2B_4O_7$	$1.0\times10^{-4}(K_{a1})$	4
		$1.0\times10^{-9}(K_{a2})$	9
碳酸	$H_2CO_3(CO_2+H_2O)$	$4.2\times10^{-7}(K_{a1})$	6.38
		$5.6\times10^{-11}(K_{a2})$	10.25
氢氰酸	HCN	6.2×10^{-10}	9.21
铬酸	H_2CrO_4	$1.8\times10^{-1}(K_{a1})$	0.74
		$3.2\times10^{-7}(K_{a2})$	6.50
氢氟酸	HF	6.6×10^{-4}	3.18
亚硝酸	HNO_2	5.1×10^{-4}	3.29
过氧化氢	H_2O_2	1.8×10^{-12}	11.75
磷酸	H_3PO_4	$7.6\times10^{-3}(K_{a1})$	2.12
		$6.3\times10^{-3}(K_{a2})$	7.2
		$4.4\times10^{-13}(K_{a3})$	12.36
焦磷酸	$H_4P_2O_7$	$3.0\times10^{-2}(K_{a1})$	1.52
		$4.4\times10^{-3}(K_{a2})$	2.36
		$2.5\times10^{-7}(K_{a3})$	6.60
		$5.6\times10^{-10}(K_{a4})$	9.25
亚磷酸	H_3PO_3	$5.0\times10^{-2}(K_{a1})$	1.30
		$2.5\times10^{-7}(K_{a2})$	6.60
氢硫酸	H_2S	$1.3\times10^{-7}(K_{a1})$	6.88
		$7.1\times10^{-15}(K_{a2})$	14.15
硫酸	HSO_4^-	$1.0\times10^{-2}(K_{a1})$	1.99

续附表 1

弱酸	分子式	K_a	pK_a
亚硫酸	$H_3SO_3(SO_2 + H_2O)$	$1.3 \times 10^{-2}(K_{a1})$	1.90
		$6.3 \times 10^{-8}(K_{a2})$	7.20
偏硅酸	H_2SiO_3	$1.7 \times 10^{-10}(K_{a1})$	9.77
		$1.6 \times 10^{-12}(K_{a2})$	11.8
甲酸	HCOOH	1.8×10^{-4}	3.74
乙酸	CH_3COOH	1.8×10^{-5}	4.74
一氯乙酸	$CH_2ClCOOH$	1.4×10^{-3}	2.86
二氯乙酸	$CHCl_2COOH$	5.0×10^{-2}	1.30
三氯乙酸	CCl_3COOH	0.23	0.64
氨基乙酸盐	$^+NH_3CH_2COOH^-$	$4.5 \times 10^{-3}(K_{a1})$	2.35
	$^+NH_3CH_2COO^-$	$2.5 \times 10^{-10}(K_{a2})$	9.60
抗坏血酸	$-CHOH-CH_2OH$	$5.0 \times 10^{-5}(K_{a1})$	4.30
		$1.5 \times 10^{-10}(K_{a2})$	9.82
乳酸	$CH_3CHOHCOOH$	1.4×10^{-4}	3.86
苯甲酸	C_6H_5COOH	6.2×10^{-5}	4.21
草酸	$H_2C_2O_4$	$5.9 \times 10^{-2}(K_{a1})$	1.22
		$6.4 \times 10^{-5}(K_{a2})$	4.19
d - 酒石酸	CH(OH)COOH	$9.1 \times 10^{-4}(K_{a1})$	3.04
	CH(OH)COOH	$4.3 \times 10^{-5}(K_{a2})$	4.37
邻 - 苯二甲酸	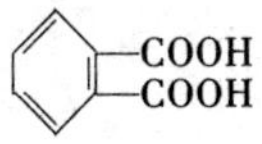	$1.1 \times 10^{-3}(K_{a1})$	2.95
		$3.9 \times 10^{-6}(K_{a2})$	5.41
柠檬酸	CH_2COOH	$7.4 \times 10^{-4}(K_{a1})$	3.13
	CH(OH)COOH	$1.7 \times 10^{-5}(K_{a2})$	4.76
	CH_2COOH	$4.0 \times 10^{-7}(K_{a3})$	6.40
苯酚	C_6H_5OH	1.1×10^{-10}	9.95
乙二胺四乙酸	H_6-EDTA^{2+}	$0.1(K_{a1})$	0.9
	H_5-EDTA^+	$3 \times 10^{-2}(K_{a2})$	1.6
	H_4-EDTA	$1 \times 10^{-2}(K_{a3})$	2.0
	H_3-EDTA^-	$2.1 \times 10^{-3}(K_{a4})$	2.67
	H_2-EDTA^{2-}	$6.9 \times 10^{-7}(K_{a5})$	6.17
	$H-EDTA^{3-}$	$5.5 \times 10^{-11}(K_{a6})$	10.26
氨水	NH_3	1.8×10^{-5}	4.74

续附表 1

弱酸	分子式	K_a	pK_a
联氨	H_2NNH_2	$3.0 \times 10^{-6}(K_{b1})$ $1.7 \times 10^{-5}(K_{b2})$	5.52 14.12
羟胺	NH_2OH	9.1×10^{-6}	8.04
甲胺	CH_3NH_2	4.2×10^{-4}	3.38
乙胺	$C_2H_5NH_2$	5.6×10^{-4}	3.25
二甲胺	$(CH_3)_2NH$	1.2×10^{-4}	3.93
二乙胺	$(C_2H_5)_2NH$	1.3×10^{-3}	2.89
乙醇胺	$HOCH_2CH_2NH_2$	3.2×10^{-5}	4.50
三乙醇胺	$(HOCH_2CH_2)_3N$	5.8×10^{-7}	6.24
六次甲基四胺	$(CH_2)_6N_4$	1.4×10^{-9}	8.85
乙二胺	$H_2NHC_2CH_2NH_2$	$8.5 \times 10^{-5}(K_{b1})$ $7.1 \times 10^{-8}(K_{b2})$	4.07 7.15
吡啶	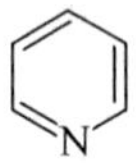	1.7×10^{-5}	8.77

附表 2 标准电极电位表

半反应	$E^{\ominus}/V$	半反应	$E^{\ominus}/V$	半反应	$E^{\ominus}/V$
F_2(气)$+2H^++2e=2HF$	3.06	$HClO+H^++2e=Cl^-+H_2O$	1.49	Br_2(水)$+2e=2Br^-$	1.087
$O_3+2H^++2e=O_2+2H_2O$	2.07	$ClO_3^-+6H^++5e=1/2Cl_2+3H_2O$	1.47	$NO_2+H^++e=HNO_2$	1.07
$S_2O_8^{2-}+2e=2SO_4^{2-}$	2.01	PbO_2(固)$+4H^++2e=Pb^{2+}+2H_2O$	1.455	$Br_3^-+2e=3Br^-$	1.05
$H_2O_2+2H^++2e=2H_2O$	1.77	$HIO+H^++e=1/2I_2+H_2O$	1.45	$HNO_2+H^++e=NO$(气)$+H_2O$	1.00
$MnO_4^-+4H^++3e=MnO_2$(固)$+2H_2O$	1.695	$ClO_3^-+6H^++6e=Cl^-+3H_2O$	1.45	$VO_2^++2H^++e=VO^{2+}+H_2O$	1.00
PbO_2(固)$+SO_4^{2-}+4H^++2e=PbSO_4$(固)$+2H_2O$	1.685	$BrO_3^-+6H^++6e=Br^-+3H_2O$	1.44	$HIO+H^++2e=I^-+H_2O$	0.99
$HClO_2+H^++e=HClO+H_2O$	1.64	Au(Ⅲ)$+2e=$Au(Ⅰ)	1.41	$NO_3^-+3H^++2e=HNO_2+H_2O$	0.94
$HClO+H^++e=1/2Cl_2+H_2O$	1.63	Cl_2(气)$+2e=2Cl$	1.3595	$ClO^-+H_2O+2e=Cl^-+2OH^-$	0.89
$Ce^{4+}+e=Ce^{3+}$	1.61	$ClO_4^-+8H^++7e=1/2Cl_2+4H_2O$	1.34	$H_2O_2+2e=2OH^-$	0.88
$H_5IO_6+H^++2e=IO_3^-+3H_2O$	1.60	$Cr_2O_7^{2-}+14H^++6e=2Cr^{3+}+7H_2O$	1.33	$Cu^{2+}+I^-+e=CuI$(固)	0.86
$HBrO+H^++e=1/2Br_2+H_2O$	1.59	MnO_2(固)$+4H^++2e=Mn^{2+}+2H_2O$	1.23	$Hg^{2+}+2e=Hg$	0.845
$BrO_3^-+6H^++5e=1/2Br_2+3H_2O$	1.52	O_2(气)$+4H^++4e=2H_2O$	1.229	$NO_3^-+2H^++e=NO_2+H_2O$	0.80
$MnO_4^-+8H^++5e=Mn^{2+}+4H_2O$	1.51	$IO_3^-+6H^++5e=1/2I_2+3H_2O$	1.20	$Ag^++e=Ag$	0.7995
Au(Ⅲ)$+3e=Au$	1.50	$ClO_4^-+2H^++2e=ClO_3^-+H_2O$	1.19	$Hg_2^{2+}+2e=2Hg$	0.793
$Fe^{3+}+e=Fe^{2+}$	0.771	$2SO_2$(水)$+2H^++4e=S_2O_3^{2-}+H_2O$	0.40	$S_4O_6^{2-}+2e=2S_2O_3^{2-}$	0.08
$BrO^-+H_2O+2e=Br^-+2OH^-$	0.76	$Fe(CN)_6^{3-}+e=Fe(CN)_6^{4-}$	0.36	$AgBr$(固)$+e=Ag+Br^-$	0.071
O_2(气)$+2H^++2e=H_2O_2$	0.682	$Cu^{2+}+2e=Cu$	0.337	$2H^++2e=H_2$	0.000
$AsO_8^-+2H_2O+3e=As+4OH^-$	0.68	$VO^{2+}+2H^++2e=V^{3+}+H_2O$	0.337	$O_2+H_2O+2e=HO_2^-+OH^-$	-0.067
$2HgCl_2+2e=Hg_2Cl_2$(固)$+2Cl^-$	0.63	$BiO^++2H^++3e=Bi+H_2O$	0.32	$TiOCl^++2H^++3Cl^-+e=TiCl_4^-+H_2O$	-0.09
Hg_2SO_4(固)$+2e=2Hg+SO_4^{2-}$	0.6151	Hg_2Cl_2(固)$+2e=2Hg+2Cl^-$	0.2676	$Pb^{2+}+2e=Pb$	-0.126
$MnO_4^-+2H_2O+3e=MnO_2+4OH^-$	0.588	$HAsO_2+3H^++3e=As+2H_2O$	0.248	$Sn^{2+}+2e=Sn$	-0.136

续附表 2

半反应	$E^\ominus$/V	半反应	$E^\ominus$/V	半反应	$E^\ominus$/V
$MnO_4^- + e = MnO_4^{2-}$	0.564	$AgCl$(固)$ + e = Ag + Cl^-$	0.2223	AgI(固)$ + e = Ag + I^-$	-0.152
$H_3AsO_4 + 2H^+ + 2e = HAsO_2 + 2H_2O$	0.559	$SbO^+ + 2H^+ + 3e = Sb + H_2O$	0.212	$Ni^{2+} + 2e = Ni$	-0.246
$I_3^- + 2e = 3I^-$	0.545	$SO_4^{2-} + 4H^+ + 2e = SO_2$(水)$ + H_2O$	0.17	$H_3PO_4 + 2H^+ + 2e = H_3PO_3 + H_2O$	-0.276
I_2(固)$ + 2e = 2I^-$	0.5345	$Cu^{2+} + e = Cu^-$	0.519	$Co^{2+} + 2e = Co$	-0.277
Mo(VI) + e = Mo(V)	0.53	$Sn^{4+} + 2e = Sn^{2+}$	0.154	$Tl^+ + e = Tl$	-0.336
$Cu^+ + e = Cu$	0.52	$S + 2H^+ + 2e = H_2S$(气)	0.141	$In^{3+} + 3e = In$	-0.345
$4SO_2$(水)$ + 4H^+ + 6e = S_4O_6^{2-} + 2H_2O$	0.51	$Hg_2Br_2 + 2e = 2Hg + 2Br^-$	0.1395	$PbSO_4$(固)$ + 2e = Pb + SO_4^{2-}$	0.3553
$HgCl_4^{2-} + 2e = Hg + 4Cl^-$	0.48	$TiO^{2+} + 2H^+ + e = Ti^{3+} + H_2O$	0.1	$SeO_3^{2-} + 3H_2O + 4e = Se + 6OH^-$	-0.366
$As + 3H^+ + 3e = AsH_3$	-0.38	Ag_2S(固)$ + 2e = 2Ag + S^{2-}$	-0.69	$Sr^{2+} + 2e = Sr$	-2.89
$Se + 2H^+ + 2e = H_2Se$	-0.40	$Zn^{2+} + 2e = Zn$	-0.763	$Ba^{2+} + 2e = Ba$	-2.90
$Cd^{2+} + 2e = Cd$	-0.403	$2H_2O + 2e = H_2 + 2OH^-$	-8.28	$K^+ + e = K$	-2.925
$Cr^{3+} + e = Cr^{2+}$	-0.41	$Cr^{2+} + 2e = Cr$	-0.91	$Li^+ + e = Li$	-3.042
$Fe^{2+} + 2e = Fe$	-0.440	$HSnO_2^- + H_2O + 2e = Sn^- + 3OH^-$	-0.91		
$S + 2e = S^{2-}$	-0.48	$Se + 2e = Se^{2-}$	-0.92		
$2CO_2 + 2H^+ + 2e = H_2C_2O_4$	-0.49	$Sn(OH)_6^{2-} + 2e = HSnO_2^- + H_2O + 3OH^-$	-0.93		
$H_3PO_3 + 2H^+ + 2e = H_3PO_2 + H_2O$	-0.50	$CNO^- + H_2O + 2e = Cn^- + 2OH^-$	-0.97		
$Sb + 3H^+ + 3e = SbH_3$	-0.51	$Mn^{2+} + 2e = Mn$	-1.182		
$HPbO_2^- + H_2O + 2e = Pb + 3OH^-$	-0.54	$ZnO_2^{2-} + 2H_2O + 2e = Zn + 4OH^-$	-1.216		
$Ga^{3+} + 3e = Ga$	-0.56	$Al^{3+} + 3e = Al$	-1.66		
$TeO_3^{2-} + 3H_2O + 4e = Te + 6OH^-$	-0.57	$H_2AlO_3^- + H_2O + 3e = Al + 4OH^-$	-2.35		
$2SO_3^{2-} + 3H_2O + 4e = S_2O_3^{2-} + 6OH^-$	-0.58	$Mg^{2+} + 2e = Mg$	-2.37		
$SO_3^{2-} + 3H_2O + 4e = S + 6OH^-$	-0.66	$Na^+ + e = Na$	-2.71		
$AsO_4^{3-} + 2H_2O + 2e = AsO_2^- + 4OH^-$	-0.67	$Ca^{2+} + 2e = Ca$	-2.87		

附表 3 条件电极电位

半反应	条件电位/V	介 质
$Ag(II)+e = Ag^+$	1.927	4mol/L HNO_3
	2.00	4mol/L $HClO_4$
$Ag^+ + e = Ag$	0.792	1mol/L $HClO_4$
	0.228	1mol/L HCl
	0.59	1mol/L NaOH
$H_3AsO_4 + 2H^+ + 2e = H_3AsO_3 + H_2O$	0.577	1mol/L HCl，$HClO_4$
	0.07	1mol/L NaOH
	-0.16	5mol/L NaOH
$Au^{3+} + 2e = Au^+$	1.27	0.5mol/L H_2SO_4（氧化金饱和）
	1.26	1mol/L HNO_3（氧化金饱和）
	0.93	1mol/L HCl
$Au^{3+} + 3e = Au$	0.30	7~8mol/L NaOH
$Bi^{3+} + 3e = Bi$	-0.05	5mol/L HCl
	0.00	1mol/L HCl
$Cd^{2+} + 2e = Cd$	-0.80	8mol/L KOH
	-0.90	CN 配合物
$Ce^{4+} + e = Ce^{3+}$	1.70	1mol/L $HClO_4$
	1.71	2mol/L $HClO_4$
	1.75	4mol/L $HClO_4$
	1.82	6mol/L $HClO_4$
	1.87	8mol/L $HClO_4$
	1.61	1mol/L HNO_3
	1.62	2mol/L HNO_3
	1.61	4mol/L HNO_3
	1.56	8mol/L HNO_3
	1.44	1mol/L H_2SO_4，2mol/L H_2SO_4
	1.43	2mol/L H_2SO_4
	1.42	4mol/L H_2SO_4
	1.28	1mol/L HCl
$Co^{3+} + e = Co^{2+}$	1.84	3mol/L HNO_3
$Cr^{3+} + e = Cr^{2+}$	-0.40	5mol/L HCl
$Cr_2O_7^{2-} + 14H^+ + 6e = 2Cr^{3+} + 7H_2O$	0.93	0.1mol/L HCl
	0.97	0.5mol/L HCl
	1.00	1mol/L HCl

续附表 3

半反应	条件电位/V	介　质
$Cr_2O_7^{2-}+14H^++6e=2Cr^{3+}+7H_2O$	1.05	2mol/L HCl
	1.08	3mol/L HCl
	1.15	4mol/L HCl
	0.92	0.1mol/L H_2SO_4
	1.08	0.5mol/L H_2SO_4
	1.10	2mol/L H_2SO_4
	1.15	4mol/L H_2SO_4
	1.30	6mol/L H_2SO_4
	1.34	8mol/L H_2SO_4
	0.84	0.1mol/L $HClO_4$
	1.10	0.2mol/L $HClO_4$
	1.025	1mol/L $HClO_4$
	1.27	1mol/L HNO_3
$CrO_4^{2-}+2H_2O+3e=CrO_2^-+4OH^-$	−0.12	1mol/L NaOH
$Cu^{2+}+e=Cu^+$	−0.09	pH=14
$Fe^{3+}+e=Fe^{2+}$	0.73	0.1mol/L HCl
	0.72	0.5mol/L HCl
	0.70	1mol/L HCl
	0.69	2mol/L HCl
	0.68	3mol/L HCl
	0.68	0.2mol/L H_2SO_4
	0.68	0.5mol/L H_2SO_4
	0.68	4mol/L H_2SO_4
	0.68	8mol/L H_2SO_4
	0.735	0.1mol/L $HClO_4$
	0.732	1mol/L $HClO_4$
	0.46	2mol/L H_3PO_4
	0.52	5mol/L H_3PO_4
	0.70	1mol/L HNO_3
	−0.70	pH=14
	0.51	1mol/L HCl+0.25mol/L H_3PO_4
$Fe(EDTA)^-+e=Fe(EDTA)^{2-}$	0.12	0.1mol/L EDTA，pH=4~6
$Fe(CN)_6^{3-}+e=Fe(CN)_6^{4-}$	0.56	0.1mol/L HCl
	0.41	pH=4~13
	0.70	1mol/L HCl
	0.72	1mol/L $HClO_4$

续附表 3

半反应	条件电位/V	介　质
$Fe(CN)_6^{3-}+e = Fe(CN)_6^{4-}$	0.72	0.5mol/L H_2SO_4
	0.46	0.01mol/L NaOH
	0.52	5mol/L NaOH
$Hg_2^{2+}+2e = 2Hg$	0.33	0.1mol/L KCl
	0.28	1mol/L KCl
	0.25	饱和 KCl
	0.66	4mol/L $HClO_4$
	0.274	1mol/L HCl
$2Hg^{2+}+2e = Hg_2^{2+}$	0.28	1mol/L HCl
$I^-+2e = 3I^-$	0.5446	0.5mol/L H_2SO_4
I_2(水)$+2e = 2I^-$	0.6276	0.5mol/L H_2SO_4
$In^{3+}+3e = In$	−0.30	1mol/L HCl
	−8.0	1mol/L KOH
	−0.47	1mol/L Na_2CO_3
$MnO_4^-+8H^++5e = Mn^{2+}+4H_2O$	1.45	1mol/L $HClO_4$
$Mo^{4+}+e = Mo^{3+}$	0.10	4mol/L H_2SO_4
$Mo^{6+}+e = Mo^{5+}$	0.53	2mol/L HCl
$SnCl_6^{2-}+2e = SnCl_4^{2-}+2Cl^-$	0.14	1mol/L HCl
	0.10	5mol/L HCl
	0.07	0.1mol/L HCl
	0.40	4.5mol/L H_2SO_4
$Sn^{2+}+2e = Sn$	−0.20	1mol/L HCl，H_2SO_4
	−0.16	1mol/L $HClO_4$
Sb(Ⅴ)+2e ═ Sb(Ⅲ)	0.75	3.5mol/L HCl
$Tl^++e = Tl$	−0.551	1mol/L HCl
Tl(Ⅲ)+2e ═ Tl(Ⅰ)	1.23~1.26	1mol/L HNO_3
	1.21	0.05mol/L，0.5mol/L H_2SO_4
	0.78	0.6mol/L HCl
U(Ⅳ)+e ═ U(Ⅲ)	−0.63	1mol/L HCl，$HClO_4$
	−0.85	0.5mol/L H_2SO_4
$VO_2^++2H^++e = VO^{2+}+H_2O$	1.30	9mol/L $HClO_4$，4mol/L H_2SO_4
	−0.74	pH=14
$Zn^{2+}+2e = Zn$	−1.36	CN 配合物

参考文献

[1] 邢文卫，陈艾霞．分析化学［M］．第二版．北京：化学工业出版社，2010.
[2] 邢文卫，李炜．分析化学实验［M］．第二版．北京：化学工业出版社，2014.
[3] 王建梅．化学检验基础知识［M］．北京：化学工业出版社，2005.
[4] 冯务群，李菁．分析化学［M］．第三版．郑州：河南科学技术出版社，2015.
[5] 胥朝褆，杨兵．分析化学［M］．第三版．北京：化学工业出版社，2008.
[6] 邢文卫，陈艾霞．分析化学［M］．第三版．北京：化学工业出版社，2017.
[7] 华中师范大学，等．分析化学实验［M］．第三版．北京：高等教育出版社，2001.
[8] 陈艾霞．分析化学实验与实训［M］．北京：化学工业出版社，2009.